国家示范（骨干）高职院校重点建设专业
优质核心课程系列教材

C#程序设计项目化教程

郑广成　沈蕴梅　周玲余　董　连　编著

中国水利水电出版社
www.waterpub.com.cn

内 容 提 要

C#语言作为 VS.NET 的框架语言，倍受专业爱好者和从业人员的青睐。本书由浅入深、循序渐进，采取典型的项目载体，采取课内外项目并行、工作过程项目化的模式，系统地介绍和训练了 C#控制台程序、流程控制程序、Windows 窗体程序、面向对象的设计与系统实现、XML 技术和文件操作等，重点讲述了基于数据库的 Windows 应用程序开发、面向对象的继承、多态、集合和构造函数等技术在应用系统开发中的应用。为了便于读者全面掌握程序设计技术和规范，深刻体会编程的乐趣，最后给出一个综合性的实战项目，全面讲述了以数据库为基础的应用系统开发全过程。

本书的单元内容和项目，完全对照高职高专学生实际的能力要求，在作者多年的实践教学过程中总结提炼而成，采取新的"工作过程项目化"的教学流程进行内容重组，实现了课内主讲一个项目、课外训练一个项目、示例依托案例项目的形式，通过工作场景导入、技术与知识准备、回到工作场景、工作训练营的流程实现各单元内容的编写。

本书提供配套教学课件和各单元源代码程序供读者参考，可以从中国水利水电出版社和万水书苑的网站上免费下载，网址为：http://www.waterpub.com.cn/softdown/和http://www.wsbookshow.com。

图书在版编目（CIP）数据

C#程序设计项目化教程 / 郑广成等编著. -- 北京 : 中国水利水电出版社, 2012.10（2017.9 重印）
国家示范（骨干）高职院校重点建设专业优质核心课程系列教材
ISBN 978-7-5170-0299-4

Ⅰ. ①C… Ⅱ. ①郑… Ⅲ. ①C语言－程序设计－高等职业教育－教材 Ⅳ. ①TP312

中国版本图书馆CIP数据核字(2012)第253262号

策划编辑：石永峰　　责任编辑：宋俊娥　　封面设计：李　佳

书　　名	国家示范（骨干）高职院校重点建设专业优质核心课程系列教材 C#程序设计项目化教程
作　　者	郑广成　沈蕴梅　周玲余　董　连　编著
出版发行	中国水利水电出版社 （北京市海淀区玉渊潭南路 1 号 D 座　100038） 网址：www.waterpub.com.cn E-mail：mchannel@263.net（万水） sales@waterpub.com.cn 电话：（010）68367658（发行部）、82562819（万水）
经　　售	北京科水图书销售中心（零售） 电话：（010）88383994、63202643、68545874 全国各地新华书店和相关出版物销售网点
排　　版	北京万水电子信息有限公司
印　　刷	三河市铭浩彩色印装有限公司
规　　格	184mm×260mm　16 开本　14.25 印张　350 千字
版　　次	2012 年 10 月第 1 版　2017 年 9 月第 3 次印刷
印　　数	4001—5000 册
定　　价	26.00 元

前　　言

VS.NET 已成为面向对象的程序开发主流平台，它可以开发 Windows 应用程序、Web 应用程序、嵌入式软件应用程序、游戏程序等各种应用系统软件，受到相关行业内专业人士和学习者的青睐。

本书主要基于岗位技能、软件流程和规范，采取“工程过程项目化”的模式编写，是教学团队结合“产教融合、产学并行”的教学改革和实践总结出来的教学模式和教学内容的展现，团队经过筛选和提炼后，确定典型项目作为教学内容载体，更适合以应用能力为本位的高职高专、应用型本科的教学、训练的要求。

本书通过引入项目场景提出工作问题，通过示例项目训练技能、解决工作问题并讲解相应的技术和方法，然后回到工作场景完成场景项目，再通过工作训练营项目进一步训练，采用课内外项目并行推进的教学形式，达到巩固所学知识和举一反三的训练效果。本书的内容打破了传统的学科章节和硬项目化编写形式，采取教学（工作）单元的形式进行内容组编。全书分成 11 个单元，最后一个单元通过综合实训训练学生技能，进一步提高学生的应用实践能力，体现了“做中学、学中产”的实训教学思想。本书主要内容如下：

单元一　熟悉 C#开发环境

单元二　储备 C#知识和技术

单元三　设计流程控制程序

单元四　使用方法、数组与 String 类

单元五　开发 Windows 应用程序

单元六　设计面向对象程序

单元七　使用集合开发程序

单元八　使用继承和多态开发程序

单元九　TreeView 进行 XML 数据显示和操作

单元十　文件操作

单元十一　综合项目实训

本书由郑广成、沈蕴梅、周玲余、董连编写，郑广成负责统稿并担任主编，参加部分章节编写工作的还有朱翠苗、许戈，在此一并表示感谢。本书根据技术模块设置单元，根据典型项目设计内容载体，通过课内外两个项目并行推进来提高学生的应用能力和创新能力，具有实战性、可操作性、新颖新、通俗性和项目过程化的特点，更加激发学生学习兴趣和主动性。

由于时间仓促，再加上编者水平有限，书中难免有错误和疏漏之处，敬请广大读者批评指正。

编　者

2012 年 5 月

目　　录

单元一

熟悉 C#开发环境

单元要点

- Visual Studio 2010 开发环境
- 控制台应用程序和 Windows 应用程序的内涵和区别
- 创建和运行控制台应用程序的方法和步骤
- 创建和运行 Windows 应用程序的方法和步骤

技能目标

- 能使用控制台编写简单的应用程序
- 能独立设计 Windows 窗体应用程序

项目载体

- 工作场景项目：欢迎员工加入
- 工作训练营项目：图片放大和缩小

1.1 工作场景导入

【工作场景】

小张才从某高校毕业，应聘到某软件公司的.NET 开发团队，公司主管要小王编写一个“欢迎小张加入.NET 团队！”的程序，要求编写控制台程序和 Windows 应用程序两种形式，效果如图 1.1 和图 1.2 所示。

图 1.1 控制台程序效果

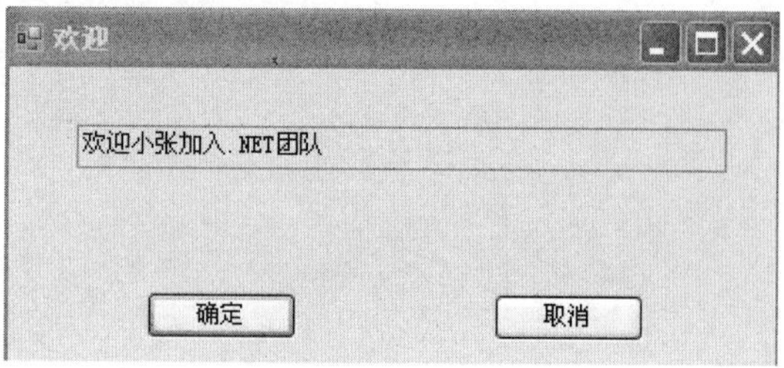

图 1.2 Windows 应用程序效果

【引导问题】

（1）如何用 Microsoft Visual Studio 2010 开发 C#控制台应用程序？

（2）如何用 Console 类进行控制台输入和输出？

（3）如何用 Microsoft Visual Studio 2010 开发 C#窗体应用程序？

1.2 技术与知识准备

1.2.1 认识 C#

C#（C sharp）语言是从 C 和 C++演变而来的，但在诸如命名空间、类、方法和异常处理等特定领域，与 C 和 C++还是存在着巨大的差异；C#是一种简单、现代、类型安全和面向对象的编程语言；Microsoft 公司设计 C#是为了建立运行在.NET 平台上的、范围广泛的企业级应用程序；用 Visual C#编写的代码被编译为托管代码，这意味着它将受益于公共语言运行库的服务，这些服务包括语言互操作性、垃圾回收、增强的安全性以及改进的版本支持。在 Visual 2010 中，C#完全得到项目模板、设计器、属性页、代码助理、对象模型和其他开发环境功能的支持。

C#已成为在.NET 平台上进行开发的首选语言，微软甚至用 C#编写了.NET 框架的大部分代码，C#功能强大且具有灵活性，以前的 Visual Basic 具有简单、易用等特性，Visual Studio 2010 将它的特性与 C#融于一体，大大方便了程序员快速进行网络开发，同时保持开发者所需要的强大性和灵活性。

1.2.2 第一个 C#控制台应用程序

【示例 1.1】创建一个简单的 C#控制台程序。

工作步骤如下：

【步骤 1】 启动 Visual Studio 2010 开发工具。

【步骤 2】 依次选择“文件”→“新建”→“项目”菜单，打开“新建项目”对话框，如图 1.3 所示。可以看到，左边的是项目类型，右边的是已安装的模板，包括“Windows 窗体应用程序”、“类库”、“控制台应用程序”等模板，它们指定了要创建的应用程序的类型。

【步骤 3】在左侧选择“Visual C#”，右侧选择“控制台应用程序”，名称框中输入“Welcome”，并选择项目的存放位置，如图 1.4 所示。

图 1.3 “新建项目”对话框

图 1.4 输入名称并选择存放位置

【步骤 4】确认“为解决方案创建目录”复选框已被选中，然后单击“确定”按钮。出现如图 1.5 所示的项目设计界面。

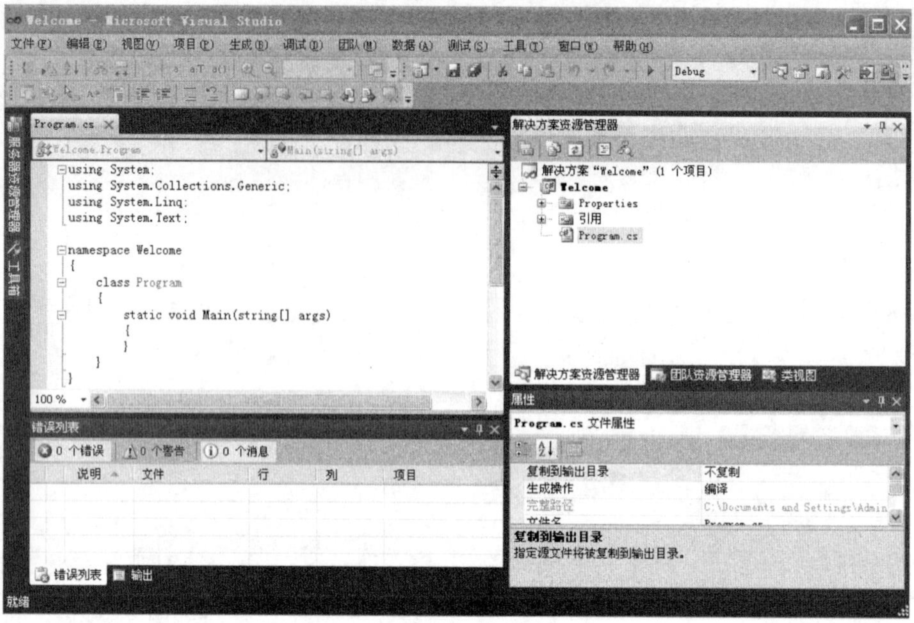

图 1.5　Welcome 项目设计界面

注意：在开始编写代码之前，先来解释一些名词。

（1）namespace 关键字。namespace（命名空间）是 C#中组织代码的方式，这样可以把紧密相关的一些代码放在同一个命名空间中，大大提高管理和使用的效率。在这段代码中，VS2010 自动以项目的名称 Welcome 作为命名空间的名称。

（2）using 关键字。在 C#中，使用 using 关键字来引用其他命名空间。在生成这段代码模板时，VS 就已经自动添加了 4 条 using 语句。

（3）class 关键字。C#是一种面向对象的语言，使用 class 关键字表示类，编写的任何代码都应该包含在一个类中，类要包含在一个命名空间中。在程序模板生成时，VS 自动起了一个类名 Program。如果不喜欢，可以改掉它。

（4）Main 方法。C#中的 Main()方法是程序的大门，应用程序从这里开始运行。要注意的是，C#中 Main()方法的首字母必须大写，Main()方法的返回值可以 void 或 int，Main()方法中的命令行参数是可以没有的。

（5）解决方案“Welcome”。它是最顶级的解决方案文件，每个应用程序都有一个类似的文件。根据该项目的创建路径，找到 Welcome 项目文件夹，就可以看到该解决方案文件，即 Welcome.sln。每个解决方案文件都包含对一个或者多个项目文件的引用。“Welcome”是 C#的项目文件，其名称为 Welcome.csproj。每个项目文件都引用一个或者多个包含项目源代码的文件。

（6）Properties。查看 Welcome 项目文件夹可以知道，Properties 是其中的一个文件夹，包含一个名为 AssemblyInfo.cs 的文件，它是一个特殊文件，可以用它在一个属性中添加如“作者”、“日期”等属性。

（7）引用。该文件包含对程序可用的已编译代码的引用。

（8）Program.cs。从代码窗口上方的选项卡中，也可以找到 Program.cs，很明显，它是一个 C#源代码文件，用户编写的代码都包含在这个文件中，同时 VS2010 自动创建的一些源代码也保存在其中。

【步骤 5】编写代码。

前面介绍的 Program.cs 文件中，包含一个名为 Program 的类，该类中有一个名为 Main 的方法。Main 是一个特殊的类，它指定了 C#程序的入口，即任何的 C#程序都是从 Main 方法开始执行的。

注意：C#语言区分字母的大小写，因此，在拼写 Main 时，要注意字母的大小写。

下面为 Welcome 项目添加以下代码。

```
namespace Welcome   //空间名
{
    class Program
    {
        static void Main(string[] args)
        {
            Console.WriteLine("welcome！ "); //控制台 Console 类方法
        }
    }
}
```

上面的代码中，Console 是一个类，WriteLine 是 Console 类的一个方法，用于在控制台中输出文本。

【步骤 6】生成并运行控制台应用程序。

编写好程序代码后，接下来应当生成控制台应用程序，即编译代码并生成一个可执行程序，具体方法是：选择“生成”→“生成 welcome”菜单项，生成的过程中会在代码编辑器的下方出现一个输出窗口，如图 1.6 所示。

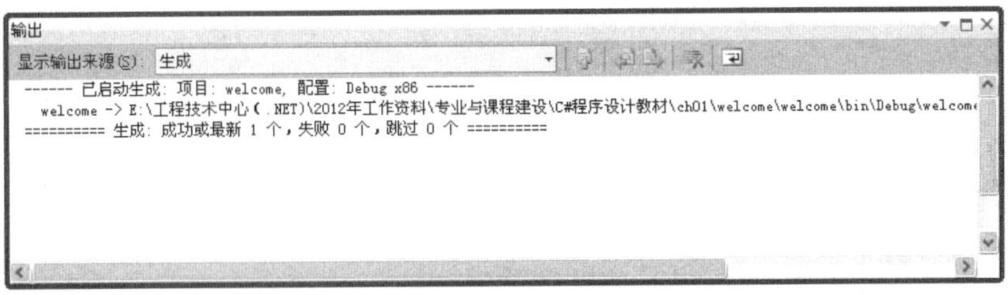

图 1.6　输出窗口

在输出窗口中，提示程序编译完成，并显示生成过程中发生的错误和警告。本程序非常简单，只包含一行代码，在输入正确的情况下，不会有任何错误和警告。

生成成功后，可以运行程序以查看结果。按 F5 键或单击 ▶ 按钮，即弹出一个命令窗口显示程序的运行结果，如图 1.7 所示。

图 1.7　运行结果

1.2.3 第一个 Windows 窗体应用程序

窗体应用程序即 Windows 应用程序，它允许以图形的方式进行人机交互。下面用一个简单的实例介绍创建 Windows 应用程序的基本步骤和方法。

【示例 1.2】单击窗体 Form1 上的“确定”按钮后，在窗体上方的文本框中显示“欢迎进入 Visual C# 2010 编程世界”的字样；单击“退出”按钮，则关闭窗口，退出应用程序。

该实例的开发过程虽然简单，却体现了使用 Visual C# 2010 开发 Windows 应用程序的基本流程。主要包括 4 个工作过程。

【步骤 1】界面设计。

（1）启动 Microsoft Visual Studio 2010，进入 Visual C# 2010 开发界面。

（2）选择“文件”→“新建”→“项目”，弹出如图 1.8 所示的对话框，可以看到，左边是项目类型，右边是已安装的模板，包括“Windows 窗体应用程序”、“类库”、“控制台应用程序”等模板，它们指定了要创建的应用程序的类型。

图 1.8 “新建项目”对话框

（3）在左侧选择“Visual C#”，右侧选择“Windows 窗体应用程序”，名称框中输入“welcome2”，并选择项目的存放位置，如图 1.9 所示。

（4）确认“为解决方案创建目录”复选框已被选中，然后单击“确定”按钮。出现如图 1.10 所示的窗体。

（5）调整窗体到合适的大小，长宽比为 2:1，然后展开工具箱中的“所有 Windows”选项卡，找到并双击控件 abl TextBox，为窗体添加一个文本框控件，这时的窗体 Form1 如图 1.11 所示。

注意：添加控件也可以先在工具箱中选择相应的控件，然后在窗体中适当的位置使用鼠标拖动来实现。

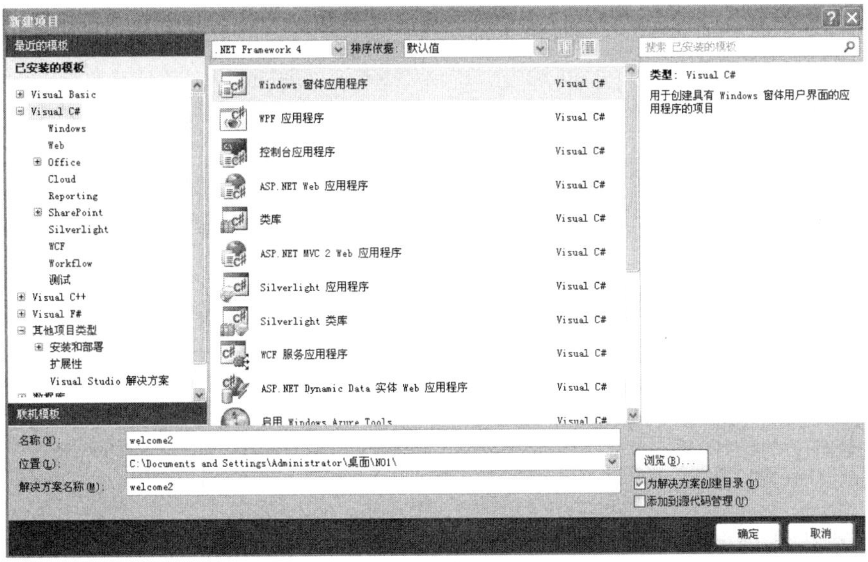

图 1.9　输入名称并选择存放位置

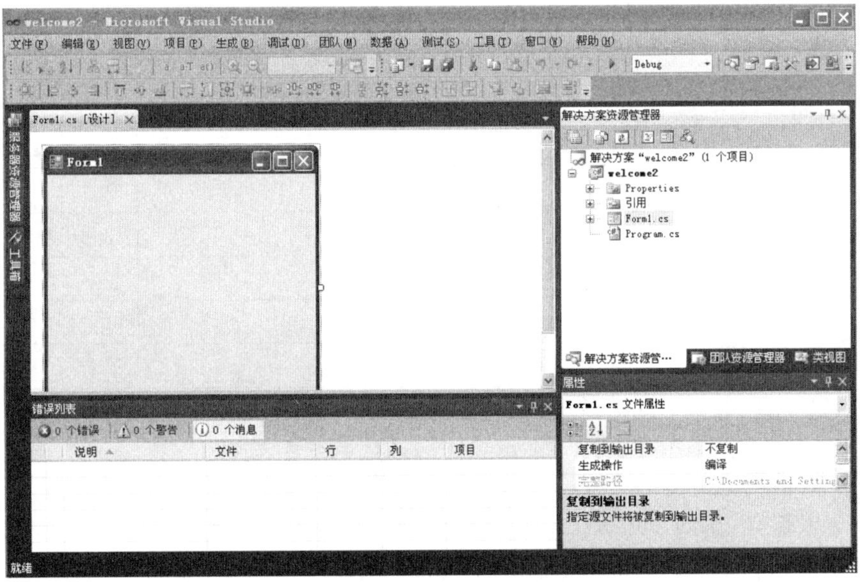

图 1.10　welcome2 项目

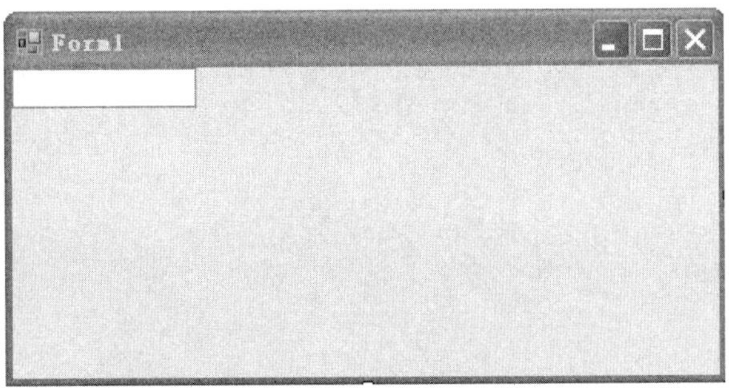

图 1.11　调整大小并添加文本框后的窗体

（6）使用鼠标拖动文本框至窗体中上部，并调整文本框的大小，调整后的窗体 Form1 如图 1.12 所示。

（7）按照同样的方法，在工具箱中找到 ab Button 控件，为窗体添加两个 Button（命令按钮），并调整其大小和位置，如图 1.13 所示。

图 1.12　调整文本框位置和大小后的窗体

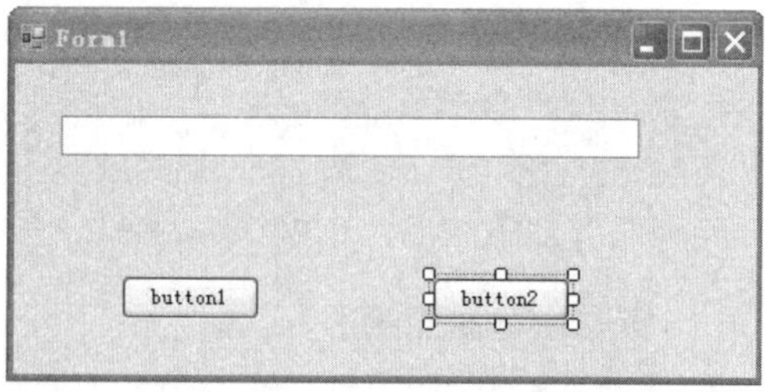

图 1.13　添加按钮控件后的窗体

【步骤 2】属性设置。

控件添加完毕后，接下来对窗体及窗体上各控件的属性进行设置。如果属性窗口是隐藏的，则用鼠标右击需要设置属性的对象，在弹出的下拉菜单中选择“属性”菜单命令，打开属性窗口。

窗体、文本框和命令按钮的属性设置如表 1.1 所示。

表 1.1　控件的属性设置

控件类型	控件名称	属性	设置结果
Form	Form1	Text	欢迎
TextBox	TextBox1	Name	txtResult
		ReadOnly	True
Button	Button1	Name	btnOK
		Text	确定
	Button2	Name	btnCancel
		Text	取消

注意： 文本框的 ReadOnly 属性用于控制文本框是否只读（即是否接受用户的输入），在本程序中，文本框仅用于显示文本，所以应当将其设为 True。

设置好窗体及各控件的属性后用户界面如图 1.14 所示。

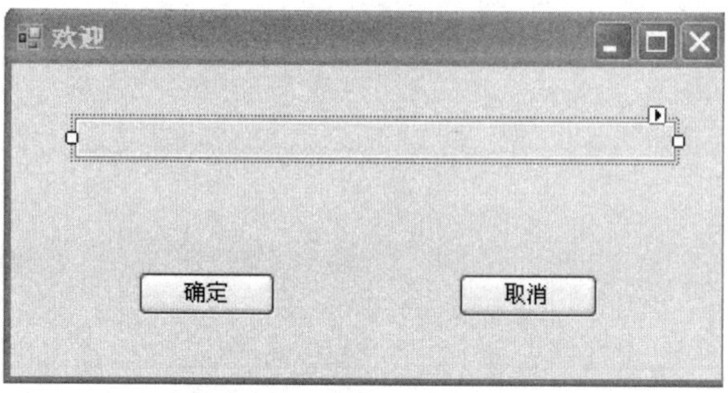

图 1.14　设置属性后的界面

【步骤 2】编写代码。

```
private void btnShow_Click(object sender, EventArgs e)
{
    txtWelcome.Text = "欢迎小张加入.NET 团队";          //信息显示在文本框中
}
```

运行效果如图 1.2 所示。

1.4 工作训练营

1.4.1 项目训练

1. 训练内容

小刘到 Z 公司.NET 团队面试，公司给他一个“图片放大和缩小”的小型项目进行入职测试。要求设计一个 Windows 窗体程序，对界面的一张图像进行放大与缩小操作，具体效果如图 1.18 所示，要求在 20 分钟内完成。

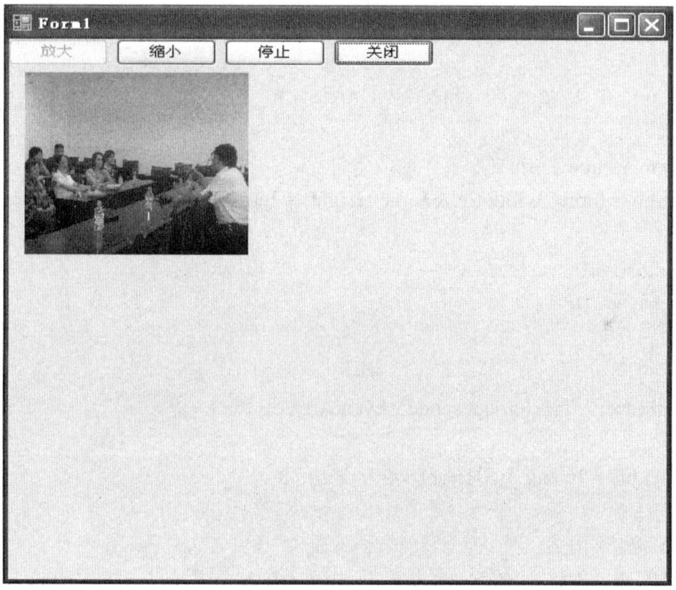

图 1.18 图片放大与缩小

2. 训练目的

（1）进一步训练和巩固学生对 VS2010 创建 Windows 应用程序的步骤和过程的理解；

（2）使学生对 C#编程有一个比较深刻的印象和认识。

3. 训练过程

【步骤 1】创建一个 Windows 窗体应用程序。

请参考 1.2 节中的方法和步骤。

【步骤 2】设计窗体界面。

设计如图 1.18 所示的界面，界面中控件的属性设置如表 1.4 所示。

表 1.4　界面的控件属性设置

控件类型	控件名称	属性	属性值
Button	Button1	Name	btnMax
		Text	放大
	Button2	Name	btnMin
		Text	缩小
	Button3	Name	btnStop
		Text	停止
	Button4	Name	btnCancel
		Text	关闭
PictrueBox	PictrueBox1	image	选择一个图片
		Name	pic
		SizeMode	StretchImage

【步骤 3】编写代码。

核心代码参考如下：

```
private void timer1_Tick(object sender, EventArgs e)
{///*放大*///
  Form1 form1 = new Form1();
  if (pic.Width<=form1.Width-20 && pic.Height<= form1.Height-20)
  {
    pic.Width += 10;
    pic.Height += 10;
   }
  }
private void timer2_Tick(object sender, EventArgs e)
{///*缩小*///
   if(pic.Width>=20 && pic.Height>=20)
   {
     pic.Width-=10;
     pic.Height-=10;
    }
  }
private void btnMax_Click(object sender, EventArgs e)
{
   btnMax.Enabled = false;
   btnMin.Enabled = true;
   timer1.Enabled = true;//timer1 可用
   timer2.Enabled = false;//timer2 不可用
  }
private void btnMin_Click(object sender, EventArgs e)
{
```

```
    btnMax.Enabled = true;//按钮有效
    btnMin.Enabled = false;//按钮实效
    timer1.Enabled = false;
    timer2.Enabled = true;
}
private void btnStop_Click(object sender, EventArgs e)
{
    btnMax.Enabled = true;
    btnMin.Enabled = true;
    timer1.Enabled = false;
    timer2.Enabled = false;
}
```

4. 技术要点

（1）使用 Visual C# 2010 编写 Windows 应用程序的方法和步骤；

（2）熟悉 Timer 控件的应用原理和编码。

1.4.2 工作实践常见问题解析

【问题 1】控制台应用程序和 Windows 窗体应用程序的区别。

【答】控制台应用程序，像操作 DOS 那样，需要通过输入命令和参数对软件进行操作。Windows 窗体应用程序，允许以图形的方式进行人机交互。

【问题 2】命名空间是什么？

【答】命名空间是一个容器，同名的两个类在不同命名空间中，是不会相互冲突的。

【问题 3】Write、WriteLine 的区别。

【答】Write 是输出后不换行，WriteLine 是输出后换行。

小结

本单元通过简单项目示例，介绍了 Visual Studio 2010 创建控制台应用程序和 Windows 窗体应用程序的基本方法，并对解决方案、命名控件、方法、Class 关键字等进行了简单的介绍，以满足项目实现的要求，通过一个贯穿项目“欢迎员工加入”和项目训练营项目“图像放大和缩小”系统地学习了控制台 C#程序和 Windows 窗体程序的设计步骤和简单编码方法，使学生对学习 C#程序设计增加了信心和情趣。

通过本单元的学习，应该对 Visual Studio 2010 软件有一定的认识，对 C#编程过程有一定的了解，能够掌握控制台和 Windows 应用程序的设计过程和工作步骤。

单元二

储备 C#知识和技术

单元要点

- 常量和变量
- 数据类型之间的转换
- 运算符与表达式
- Console 类

技能目标

- 能编写正确的运算符和表达式
- 会声明和使用常量与变量
- 会在程序代码中进行数据类型转换

项目载体

- 工作场景项目：简单个人简历
- 工作训练营项目：简单计算器

2.1　工作场景导入

【工作场景】

小张才从某高校毕业，去一软件公司面试，公司主管要求做一个“简单个人简历”来介绍自己，设计效果如图 2.1 所示，说明个人姓名、年龄、学历、专业等信息，在线输入后显示信息。

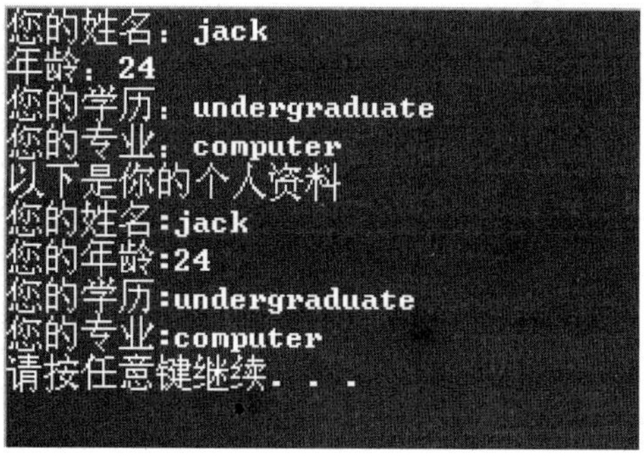

图 2.1　工作场景示例

【引导问题】

（1）控制台如何接受用户的输入信息？

（2）如何进行数据类型之间的转换？

（3）如何实现控制台输入和输出？

2.2　技术与知识准备

2.2.1　基本概念

2.2.1.1　基本数据类型

数据类型是对各种数据形态的描述，如整型、浮点型等。在计算机中，数据类型的不同决定所占内存存储空间的大小，使用什么样的数据类型要根据实际情况而定，基本原则是既不要浪费存储空间又不要丢失数据。

C#提供了大量的内置数据类型，称为基本数据类型，与之对应的是用户自定义的复合数据类型。表 2.1 列举了 C#语言中的基本数据类型，以及与它们对应的.NET 框架的数据类型、大小和说明。

表 2.1　C#常用的基本数据类型

C#数据类型	大小（位）	说明
int	32	带符号的 32 位整型
float	32	单精度的浮点类型
double	64	双精度的浮点类型
string	取决于实现平台	指向字符串对象的引用
bool	8	逻辑值，true 或者 false

2.2.1.2　标识符

标识符是计算机语言里常用的一种术语，在 Visual C# 2010 中，变量、常量、函数、类等的命名必须遵循一定的规则，人们把符合这些规则的名称称为合法标识符，这些规则是：

（1）标识符必须由字母、数字、下划线组成，且只能以字母、下划线开头。

（2）如果以下划线开头，必须包括至少一个其他字符。

（3）不能是 Visual C# 2010 的关键字。Visual C# 2010 部分常用关键字如表 2.2 所示。

（4）Visual C# 2010 的标识符区分大小写。

表 2.2　部分常用关键字

abstract	return	new	struct	true	long
private	null	switch	base	case	ref
class	this	bool	false	for	using
throw	break	finally	try	else	interface
byte	virtual	override	catch	static	while
float	params	typeof	extern	if	void
enum	where	in	public	sealed	goto
namespace	protected	do	continue	double	readonly
string	const	foreach	int	char	decimal

2.2.1.3　常量

常量是指在程序运行的过程中，其值保持不变的量。Visual C# 2010 的常量包括符号常量、数值常量、字符常量、字符串常量、布尔常量等。采用 const 语句来声明常量，其语法格式为：

const <数据类型> <变量名>=<表达式>

例如 const float PI=3.14;

const int A1=4,PRICE=5;

说明：

（1）常量名遵循标识符的命名规则，一般采用大写字母。

（2）表达式由数值、字符、字符串常量及运算符组成，也可以包括前面定义过的常量，但是不能使用函数调用。

（3）如果多个常量的数据类型是相同的，可在同一行中声明这些常量，声明时应用逗号将它们隔开。

2.2.1.4　变量

变量是在程序运行过程中，其值可以改变的量，它表示数据在内存中的存储位置，每个变量都有一个数据类型，以确定哪些数据类型的数据能够存储在该变量中。在 Visual C# 2010 中，声明变量的语法格式为：

<数据类型><变量名>=<表达式>

例如 int a,b=2,c;

说明：

（1）<变量名>遵循 C#合法标识符的命名规则；

（2）"=<表达式>"为可选项，可以在声明变量时给其赋初值；

（3）一行可以声明多个相同类型的变量，且只需指定一次数据类型，变量和变量之间用逗号隔开。

2.2.1.5　数据类型之间的转换

在程序中，常常需要把一种数据类型的数据转化成另一种数据类型的数据，这个转换过程称为类型转换。类型转换按照不同的转换方法可以分为隐式转换和显式转换。

1. 隐式转换

隐式转换的规则很简单：对于数值类型，任何类型 A，只要其取值范围完全包含在类型 B 的取值范围内，就可以隐式转换为类型 B。也就是说，int 类型可以隐式转换为 float、double 类型，float 类型隐式转换为 double 类型。

2. 显式转换

与隐式转换相反，当要把取值范围大的类型转换为取值范围小的类型时，就需要显式转换。

（1）字符串转换为数值型。

当要把字符串转换为数值类型时，可以使用 Parse()方法。不同的数值类型都有自己的 Parse()方法。

字符串转换为整型（string—int）：int.Parse(string);

字符串转换为单精度浮点型（string—float）：float.Parse(string);

字符串转换为双精度浮点型（string—double）：double.Parse(string);

注意：*要转换的字符串必须是数字的有效表示形式。简单地讲就是表面上看起来是对应的数字，比如“32”转换为整数就是表面上看到的 32，但是不能把“age”转换成整数，因为它不是整数的有效表示形式。*

（2）数值型转换为字符串。

很简单，只要使用 ToString()方法就行了。

例如 int age=18;

    string myage=age.ToString();

即 myage="18"。

（3）使用 Convert 类进行类型转换。

前面讲的 Parse()方法是将字符串转换为数值型的，可以使用 Convert 类来实现各个基本类型之间的相互转换。Convert 类为每种类型转换都提供了一个静态方法，常见的方法见表 2.3。

表 2.3　常见的类型转换方法

方法	说明
Convert.ToInt32()	转换为整型（int 型）
Convert.ToSingle()	转换为单精度浮点型（float 型）
Convert.ToDouble()	转换为双精度浮点型（double 型）
Convert.ToString()	转换为字符串类型（string 型）

例如 float a=3.2;

    int n=Convert.ToInt32(a);

即 n=3。

2.2.2　运算符与表达式

运算符是对一个或者多个返回值的代码元素执行运算的代码单元，Visual C# 2010 的运算符包括算术运算符、逻辑运算符、字符串连接运算符、关系运算符、赋值运算符、位运算符和自增自减运算符等。

2.2.2.1　算术运算符

算术运算符用于完成算术运算，所涉及的操作对象有文本、常量、变量、表达式、函数调用以及属性调用等。算术运算符及相应的表达式示例见表 2.4。

表 2.4　算术运算符

运算	运算符	算术表达式示例	结果及说明
取负	-	-2	对数字 2 进行取负运算
加法	+	2+3	结果 5
减法	-	3-2	结果 1
乘法	*	2*3	结果 6
除法	/	6/2	结果 3
取余	%	5%2	结果 1

说明：

（1）“%”为求余运算符，求两个数相除后的余数。

（2）进行除法运算时，如果两个数为整数，则得到的结果也是整数，无条件的去掉小数部分，即不是采用四舍五入方法。如：9/2=4。

（3）算术运算符的优先级顺序由高到低依次为：-（取负）、*、/、+、-（减法）。

2.2.2.2　字符串连接运算符

字符串连接字符串的运算符只有一个，即“+”，它一般用于连接两个字符串，字符串连接表达式的结果为字符串型数据。例如：

"12"+"34"="1234"

"太平南路"+"26"+"号"="太平南路 26 号"

说明：

当“+”连接的对象中既有字符串又有数字时，则可以省略数字的字符串定界符（""），例如：

"太平南路"+"26"+"号"可以写成"太平南路"+26+"号"

这样写不会影响计算的结果，但一般并不提倡。

但注意省略数字的字符串定界符必须是在有其他字符串参与到该表达式的前提下，例如：

"2"+"3"不能写成 2+3

这样容易把“+”当成是算术运算符的加号，相加结果为 5。

2.2.2.3　关系运算符

关系运算符用于比较两个表达式之间的关系，比较的对象通常有数值、字符串和对象，关系运算的结果是一个 bool 值，即 true 或者 false。关系运算符及相应的表达式示例如表 2.5 所示。

表 2.5　关系运算符

运算符	测试关系	关系表达式示例	结果（假定 a 为 5）
==	等于	a==6	false
!=	不等于	a!=6	true

续表

运算符	测试关系	关系表达式示例	结果（假定 a 为 5）
>	大于	a>6	false
>=	大于等于	a>=6	false
<	小于	a<6	true
<=	小于等于	a<=6	true

2.2.2.4　逻辑运算符

逻辑运算符（也称布尔运算符）用于判断操作数之间的逻辑关系。逻辑表达式的值也是一个 bool 值，即 true 或者 false。逻辑运算符有：!（非）、&&（与）、||（或），如表 2.6 所示。其中，只有!（非）为一元运算符，其他均为二元运算符。

表 2.6　逻辑表达式真值表

a	b	!a	a&&b	a||b
true	true	false	true	true
true	false	false	false	true
false	true	true	false	true
false	false	true	false	false

说明：

（1）Visual C# 2010 无法自动将数值转换成逻辑值，例如!8，是非法的逻辑表达式；

（2）关系运算符不能用于比较逻辑型数据，例如：bool y=false;y<=true;这样的写法是错误的；

（3）优先级由高到低依次为：逻辑非、算术运算符、关系运算符、逻辑运算符（&&和||）。例如：2+3>5&&5<8　结果为 false。

2.2.2.5　赋值运算符

在 Visual C#中，赋值运算符有基本赋值运算符和复合赋值运算符两种，通常用于将表达式的值赋给一个变量。赋值运算符见表 2.7。

表 2.7　赋值运算符

运算符	赋值表达式示例	结果
=	a=5	a=5
+=	a+=5	a=a+5
-=	a-=5	a=a-5
*=	a*=5	a=a*5
/=	a/=5	a=a/5
%=	a%=5	a=a%5

2.2.2.6　自增自减运算符

Visual C#与 C/C++相同，保留了自增运算符（++）和自减运算符（--），它们是一元运算符，且操作对象只能是变量。

1. 自增运算

自增运算符（++）的作用是对变量的值加 1。

自增运算符（++）可以放在被操作变量的前面（称为前自增），也可以放在被操作变量的后面（称为后自增）。例如：

```
int x;
++x;                //前自增
x++;                //后自增
```

前自增与后自增有很大的区别，如果带有自增运算符（++）的变量出现在表达式中，前自增的执行过程是：先使变量的值加 1，再执行其他运算；而后自增是先执行其他运算，再使变量的值加 1。例如：

```
int x=2,y=3,z;
z=++x*y;
```

因为“++x”为前自增，即变量 x 先自加 1，变成 3 后再与 y 相乘，即表达式“++x*y”的值为 9，因此变量 z 的值为 9。

若将上述代码改为：

```
int x=2,y=3,z;
z=x++*y;
```

因为“x++”为后自增，即先进行乘法运算后，变量 x 的值才自加 1，因此变量 z 的值应该为 2*3，即 6。

2. 自减运算

自减运算符（--）的作用是对变量的值减 1。

自减运算符（--）可以放在被操作变量的前面（称为前自减），也可以放在被操作变量的后面（称为后自减）。

例如：

```
int x;
--x;                //前自减
x--;                //后自减
```

同样的，前自减与后自减也有很大的区别，如果带有自减运算符（--）的变量出现在表达式中，前自减的执行过程是：先使变量的值减 1，再执行其他运算；而后自减是先执行其他运算，再使变量的值减 1。例如：

```
int x=2,y=3,z;
z=--x*y;
```

因为“--x”为前自减，即变量 x 先自减 1，变成 1 后再与 y 相乘，即表达式“--x*y”的值为 3，因此变量 z 的值为 3。

若将上述代码改为：

```
int x=2,y=3,z;
z=x--*y;
```

此时“x--”为后自减，即先进行乘法运算后，变量 x 的值才自减为 1，因此变量 z 的值应该为 2*3，即 6。

2.2.2.7 运算符的优先级和结合顺序

前面介绍了 C#的一些常用的运算符，接下来看一下运算符的优先级。

1. 运算符的优先级

根据运算符所执行运算的特点和它们的优先级，可将它们归为一元运算符和括号、算术运算符、比较运算符、逻辑运算符、赋值运算符、后自增和后自减运算符。这些运算符的优先级顺序如表 2.8 所示。

表 2.8　运算符的优先级

<table>
<tr><th>级别</th><th>运算符</th></tr>
<tr><td>第一级</td><td>++、--（作为前缀）、!、()、+、-（取负）</td></tr>
<tr><td>第二级</td><td>*、/、%、+、-</td></tr>
<tr><td>第三级</td><td><、>、<=、>=、==、!=</td></tr>
<tr><td>第四级</td><td>&&、||</td></tr>
<tr><td>第五级</td><td>=、*=、/=、%=、+=、-=</td></tr>
<tr><td>第六级</td><td>++、--（作为后缀）</td></tr>
</table>

2. 运算符的结合顺序

运算符的结合顺序分为左结合和右结合两种，在 C#中，所有的一元运算符（++、--作为后缀时除外）都是右结合的。而对于二元运算符，除了赋值运算符外，其他的都是左结合的。运算符的优先级和结合顺序可以通过小括号来控制。

2.2.3 Console 类

2.2.3.1　向控制台输出

利用 Console.WriteLine()方法输出有两种方式。

方式一：Console.WriteLine(要输出的值);

方式二：Console.WriteLine("格式字符串",变量列表);

方式一举例：

```
Console.WriteLine("hello");
Console.WriteLine("hello "+"jack");     //+ 字符串的连接符号
```

方式二举例：

```
string city="北京";
Console.WriteLine("欢迎你，{0}", city);
```

上面两句话的输出结果是什么呢？

该运行结果如图 2.2 所示。

图 2.2　运行结果

从运行结果已经想到了第二种方式是怎样输出的。在这种方式中，WriteLine()的参数由两部分组成：“格式字符串”和变量列表。这里面的“欢迎你，{0}”就是格式字符串，{0}叫做占位符，它占的就是后面的 city 变量的位置。在格式字符串中，依次使用{0}，{1}，{2}…代表要输出的变量，然后将变量依次排列在变量列表中，0 对应于变量列表的第 1 个变量，1 对应变量列表的第 2 个变量，2 对应变量列表的第 3 个变量，依次类推，这种方式要比用加号连接方便多了。

2.2.3.2　从控制台输入

与 Console.WriteLine()相对应，从控制台输入可以使用 Console.ReadLine()，Write 是写的意思，Read 是读的意思。语法如下：

string str=Console.ReadLine()

返回一个字符串，把它赋值给一个字符串变量。

如果要输入整型数据，只需要用 int.Parse()方法把字符串转换成整型。

例如：

int age=int.Parse(Console.ReadLine())

2.3　回到工作场景

通过对以上 2.2 节内容的学习和演练，了解了常量与变量的定义、运算符和表达式以及 Console 类的方法，现在回到 2.1 节工作场景的任务。

定义 4 个变量 name、age、education、professional 来接受用户的输入，分别代表姓名、年龄、学历、专业，输出时用字符串的连接符号“+”。

程序代码如下：

```
Console.Write("你的姓名：");
string name = Console.ReadLine();
Console.Write("你的年龄：");
int age =int.Parse( Console.ReadLine());
Console.Write("你的学历：");
string education =Console.ReadLine();
Console.Write("你的专业：");
string professional = Console.ReadLine();
Console.WriteLine("以下是你的个人信息：");
Console.WriteLine("你的姓名："+name);
Console.WriteLine("你的年龄："+age);
Console.WriteLine("你的学历："+education);
Console.WriteLine("你的专业："+professional);
```

程序运行结果如图 2.1 所示。

注意：

（1）输出语句中“+”为字符串的连接符号。

（2）age 要进行类型的转换，Console.ReadLine 输入的是字符串，要转换成整型赋给 age。

2.4　工作训练营

2.4.1　项目训练

1. 训练内容

编写程序。问题描述如下：编写一个“简单计算器”，能够实现加、减、乘、除、取余功能。

2. 训练目的

掌握各类运算符的使用及类型的转换。

3. 训练过程

仔细理清题目要求，选择合适的运算符，设计出程序的答题步骤和具体的代码处理过程，最后编写出完整的 C#语言源程序。

分析：根据题目要求理清处理步骤。

【步骤 1】新建一个 Windows 窗体应用程序，取名为 ch02-1。

【步骤 2】拖动一个 Label、三个 TextBox、一个 Button、一个 ComboBox 到窗体上，界面如图 2.3 所示，属性设置如表 2.9 所示。

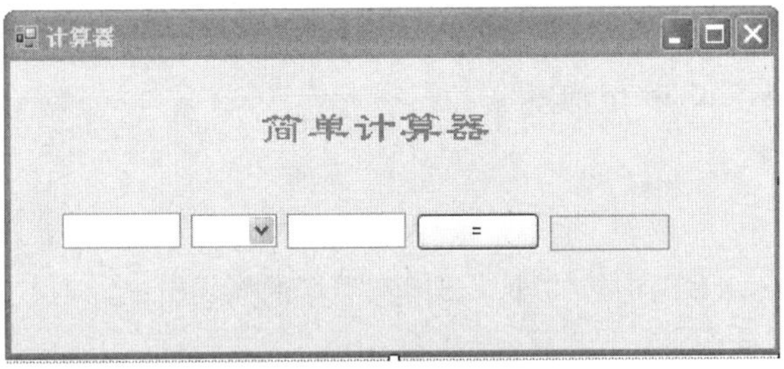

图 2.3　工作实训营项目窗体

表 2.9　控件属性设置

控件类型	控件名称	属性	设置结果
Form	Form1	Text	计算器
Label	Label1	Text	简单计算器
TextBox	TextBox1	Name	txtA
TextBox	TextBox2	Name	txtB
TextBox	TextBox3	Name	txtC
ComboBox	ComboBox1	Items	+ - * / %
		Name	cboChar
Button	Button1	Name	btnCal
		Text	=

【步骤 3】双击 Button 按钮，打开代码窗口，编写代码。

```
public partial class Form1 : Form
{
    public Form1()
    {
        InitializeComponent();
    }
```

```
            private void btnCal_Click(object sender, EventArgs e)
            {
                int n1=int.Parse(txtA.Text);//转化成整型
                int n2=int.Parse(txtB.Text);
                int n3 = 0;
                switch (CboChar.Text.Trim())
               {
                   case "+": n3 = n1 + n2; break;//加法
                   case "-": n3 = n1 - n2; break;//减法
                   case "*": n3 = n1 * n2; break;//乘法
                   case "/": if (n2 == 0) MessageBox.Show("除数不能为 0");else n3 =n1/n2; break;
                   //判断除数不能为 0.
                }
                   txtC.Text = n3.ToString();
                }
            }
        }
```

上面的程序用到了 switch 语句，另外，要注意类型的显式转换。

运行结果如图 2.4 所示。

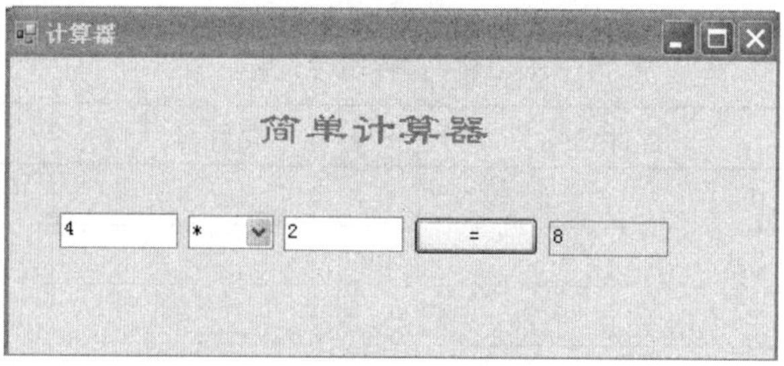

图 2.4　训练内容的运行结果

4. 技术要点

熟练掌握运算符的使用，特别要注意类型的强制转换。

2.4.2　工作实践常见问题解析

【问题 1】隐式转换的适用场合。

【答】低精度向高精度的转换可以是隐式转换，例如 int 转变为 float，float 转变为 double。

【问题 2】不懂常量和变量的区别。

【答】常量就是不变的量，在整个生命期内，不能通过赋值方式来给常量赋值，变量就是可以改变的量，可以通过赋值等方式来给变量赋值。

【问题 3】Write、WriteLine 的区别。

【答】Write 是输出后不换行，WriteLine 是输出后换行。

【问题 4】“/” 是除法运算，实数除以整数，结果是整数还是实数。

【答】整数除以整数，结果是整数，而且是无条件地去除小数部分，整数除以实数，或者实数除以整数，结果都是实数。

小结

本单元主要介绍了 C#语法中的一些基础知识，了解简单数据类型、变量和常量、运算符与表达式等，通过“简单个人简历”和工作训练营项目“简单计算器”整体训练了表达式、运算符和 Console 类的使用方法，现在开始已经享受到了设计程序项目的乐趣，下面将进入复杂一点的循环程序项目熟练阶段，再接再厉吧！

单元三

设计流程控制程序

单元要点

- if 语句
- switch 语句
- while 语句
- do-while 语句
- for 语句
- break 和 continue 语句

技能目标

- 会编写 for 循环程序代码
- 会编写 while、do-while 循环程序代码
- 能在多分支情况下使用 switch 语句
- 学会使用程序设计规范

项目载体

- 工作场景项目：房贷计算机器
- 工作训练营项目：数据加密

3.1 工作场景导入

【工作场景】

北京的小明需要贷款 100 万元买房，贷款的银行年利率为 7%，由于此客户工资水平有限，欲

要尽量拖延还款的结束日期，但其认为还款总金额不可超过 150 万元。此外，银行规定，还款期限不得超过 30 年。请编写一个“房贷计算机器”，帮助小明求出满足他的要求的最大还款期限，得到如图 3.1 所示的输出结果。（精确到年）

图 3.1　工作场景运行效果

【引导问题】

（1）如何多次判断实现利率和年限计算来解决此问题？

（2）如何解决还款总金额不超过 150 万元的问题？

（3）循环结构（while、do-while 或者 for 短语）具体如何使用？

3.2　技术与知识准备

3.2.1　条件判断

在日常的事件处理中，常常需要根据不同的情况采用不同的措施来解决问题。同样，在程序设计中，也要根据不同的给定条件而采用不同的处理方法，选择结构就是用来解决这一类问题的。

选择结构也称为分支结构，其特点是：根据给定的条件是否成立，决定对各个可能的分支中执行某一分支的相应操作。C#提供了两种用于选择结构的控制语句，分别是 if 语句和 switch 语句。

3.2.1.1　if 结构

if 语句是用于实现单条件（即只有一个条件）选择结构的语句，其特点是：当给定条件（条件表达式）为真时，执行条件为真的语句组（以下称为“语句组 1”）；当条件为假时，执行条件为假的语句组（以下称为“语句组 2”），如图 3.2 所示。

如果 条件	（条件成立吗？）	
	真	条件为真的语句组（一般不为空）
	假	条件为假的语句组（可以为空）

图 3.2　单条件选择结构流程图

说明：

（1）语句组 1、语句组 2 可以为空（空则表示不做任何处理），然而当两个语句组都为空的话就失去了选择的意义。

（2）为养成良好的源代码书写习惯，如果必须设立空分支，应该将空分支作为条件为假的分支（即语句组 1 非空）。

根据上面的说明可以看出，单条件的 if 语句应当有两种形式：一个分支的 if 语句和两个分支的 if 语句（if...else）。

1. 一个分支的 if 语句

只具有一个分支的 if 语句的语法格式如下。

```
if (<条件表达式>)
{ <语句组>
}
```

说明：

（1）<条件表达式>可以是关系表达式或逻辑表达式，表示执行的条件；

（2）<语句组>可以是一条语句，也可以是多条语句。当只有一条语句时，大括号{}可以省略。

if 语句的执行过程为：首先判断<条件表达式>，若为真，执行<语句组>；否则跳出 if 语句，转而执行 if 语句后面的语句。执行流程如图 3.3 所示。

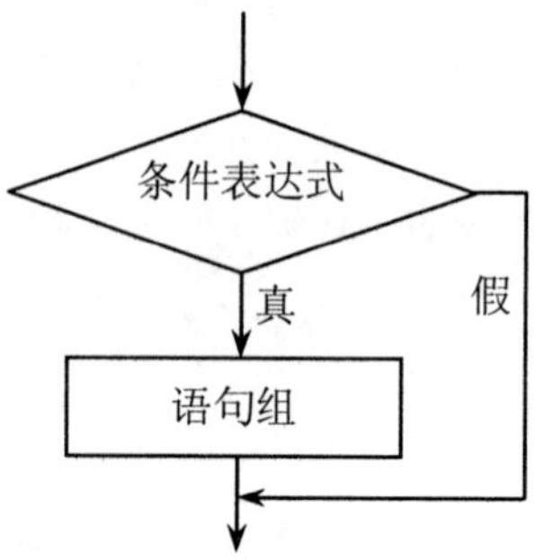

图 3.3　一个分支的 if 语句的执行流程

例如：

```
if(x>0)
y=x;
```

说明：在只具有一个分支的 if 语句中，如果<语句组>只包含一条语句且比较简单，可以写在同一行内，例如上面的 if 语句可以写成：

```
if(x>0) y=x;
```

上述代码，当变量 x 大于 0 时，执行语句“y=x;”。这里只有一条语句，所以可以省略花括号。又如：

```
if(x>0)
{ y=x*x;
z=y+x;
}
```

上述代码，同样是当变量 x 大于 0 时，执行语句组“y=x*x;z=y+x”。这里的语句组包含两条语句，所以花括号不可以省略。若省略，编译器仅会认为语句“y=x*x;”是条件“(x>0)”成立时执行的语句，而认为“z=y+x;”不属于 if 语句。这样的话，不管条件“(x>0)”是否成立，“z=y+x”总是会被执行，从而导致达不到预期的效果。

2. 两个分支的 if 语句

具有两个分支的 if...else 语句的语法格式如下：

```
if(<条件表达式>)
{ <语句组 1>
}
else
{ <语句组 2>
}
```

说明：

（1）<条件表达式>可以是关系表达式或逻辑表达式，表示执行的条件；

（2）<语句组 1>和<语句组 2>可以是一条语句，也可以是多条语句。当只有一条语句时，花括号（{}）可以省略。

具有两个分支的 if 语句的执行过程为：首先判断<条件表达式>，若为真，执行<语句组 1>；否则执行 else 后面的<语句组 2>。执行流程如图 3.4 所示。

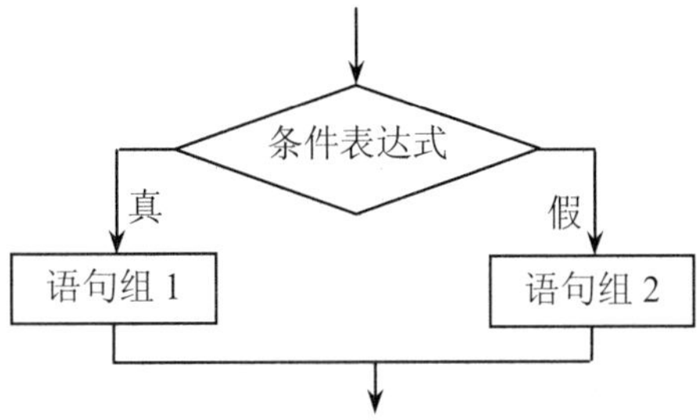

图 3.4　if...else 语句的执行流程

【示例 3.1】编写 Windows 窗体应用程序，任意输入一个整数 x，判断其是否是 3 的倍数，如果是的话，则输出“x 是 3 的倍数”，否则输出“x 不是 3 的倍数”。

具体的实现步骤如下。

【步骤 1】新建 Windows 窗体应用程序，程序界面如图 3.5 所示。

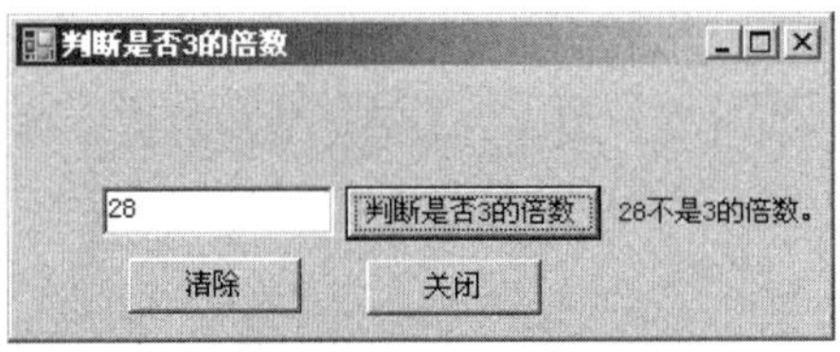

图 3.5　程序界面

【步骤 2】窗体和窗体上各控件的属性设置，如表 3.1 所示。

表 3.1　控件属性列表

控件类型	控件名称	属性	设置结果
Form	Form1	Text	判断是否 3 的倍数
Label	Label1	Text	请输入一个整数。
	Label2	Name	labResult
TextBox	TextBox1	Name	txtNum
Button	Button1	Name	btnJudge
		Text	判断是否 3 的倍数
	Button2	Name	btnClear
		Text	清除
	Button3	Name	btnClose
		Text	关闭

【步骤 3】编写判断按钮的单击（Click）事件，代码如下。

```
private void btnJudge_Click_1(object sender, EventArgs e)
{
  if (string.IsNullOrEmpty(txtInputNum.Text))//合法数据判断
  {
   MessageBox.Show("请输入要判断的数");
   txtInputNum.Focus();
   }
  else
  {
   int num = int.Parse(txtInputNum.Text);
    if (num / 3 != 0 && num % 3 == 0)//判断是否 3 的倍数
    {
     labResult.Text = num.ToString() + "是 3 的倍数。";
     }
     else
     {
     labResult.Text = num.ToString() + "不是 3 的倍数。";
     }
    }
}
```

代码说明：

（1）变量 n 用于接收用户在文本框中输入的待判断的数。

（2）“n%3==0”为判断条件，在此要注意关系运算符等于（==）的写法，不能写成赋值符号（=）。

（3）消息框（MessageBox）。

语法格式为：

MessageBox.Show(text[,caption][,buttons][,icon][,defaultbutton])

说明：

①Show 为 MessageBox 的方法，其作用是在屏幕上显示消息框；

②text 字符串表示消息框输出的信息。如“用户名密码错误”；

③caption 字符串为可选参数，表示消息框的标题，如“警告”。若省略该参数，则表示消息框的标题为空；

④buttons 为可选参数，表示在消息框上显示的按钮类型，使用符号常量来表示。用于设置 buttons 的各符号常量及定义如表 3.2 所示。

表 3.2　符号常量及定义

符号常量	含义
AbortRetryIgnore	显示终止、重试和忽略按钮
Ok	显示确定按钮
OkCancel	显示确定、取消按钮
RetryCancel	显示重试、取消按钮

续表

符号常量	含义
YesNo	显示是、否按钮
YesNoCancel	显示是、否和取消按钮

⑤icon 为可选参数，表示消息框上面显示的图标，如信息图标、错误图标、警告图标等；

⑥defaultbutton 为可选参数，表示消息框上的按钮哪个为默认的，有 Button1、Button2 和 Button3 三个值。用于设置 defaultbutton 的各符号常量及含义如表 3.3 所示。

表 3.3 defaultbutton 符号常量及含义

符号常量	含义
Button1	第一个按钮为默认按钮
Button2	第二个按钮为默认按钮
Button3	第三个按钮为默认按钮

单击消息框上的按钮后，MessageBox 会返回相应的值，所以 MessageBox 可以通过返回值来判断单击了哪个按钮，常用于选择结构中。对应情况如表 3.4 所示。

表 3.4 MessageBox 返回值

符号常量	含义	符号常量	含义
Ok	选择确定按钮	Ignore	选择忽略按钮
Cancel	选择取消按钮	Yes	选择是按钮
Abort	选择终止按钮	No	选择否按钮
Retry	选择重试按钮	None	null

例如：

```
MessageBox.Show( "是 3 的倍数","提示",MessageBoxButtons.OK,
MessageBoxIcon.Information,MessageBoxDefaultButton.Button1)
```

根据前面的介绍可知，“是 3 的倍数”为消息框显示的信息，对应 text 参数；“提示”为消息框的标题，对应 caption 参数；MessageBoxButtons.OK 表示按钮的类型为确定，对应 buttons 参数；MessageBoxIcon.Information 表示消息框上显示的图标类型为“信息”，对应 icon 参数；MessageBoxDefaultButton.Button1 表示默认的按钮为第 1 个，即“是”按钮，对应 defaultbutton 参数。运行结果如图 3.6 所示。

图 3.6 MessageBox 运行结果

若单击“确定”按钮，消息框的返回值为 Ok。通常使用选择结构控制语句来判断用户的选择结果，从而做不同的处理。

【步骤 4】编写“清除”按钮的单击（Click）事件代码如下。

```
private void btnClear_Click(object sender, EventArgs e)
{
txtNum.Text="";
}
```

【步骤 5】编写“关闭”按钮的单击（Click）事件代码如下。

```
private void btnClose_Click(object sender, EventArgs e)
{
Application.Exit();
}
```

【步骤 6】运行程序，在文本框中未输入，单击“判断”按钮，随后输入“5”，单击“判断”按钮，前后运行效果如图 3.7 所示。

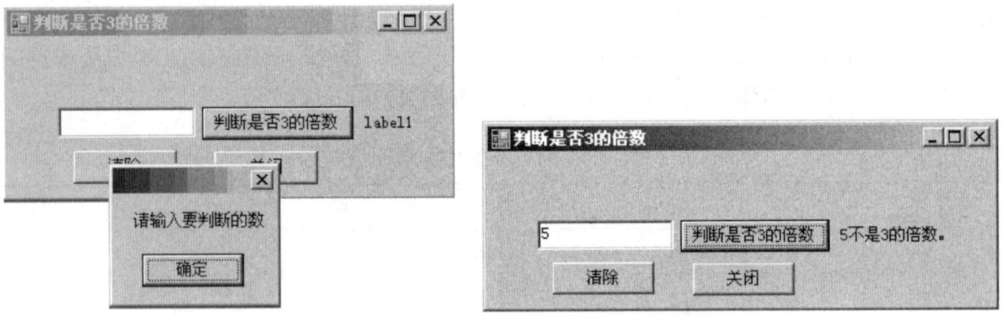

图 3.7　运行结果

3.2.1.2　if 语句的嵌套

if 语句的嵌套是指<语句组 1>或<语句组 2>中又包含 if 语句的情况。

其形式为：

```
if(<条件表达式 1>)
{  …
   if(<条件表达式 2>)
…
}
else
{
}
```

嵌套的 if 语句的执行过程与前面介绍的类似，嵌套的层数一般没有具体的规定。

【示例 3.2】输入一个 0~100 之间的整数，判断并输出等级（90~100 优秀、80~89 良好、70~79 中等、60~69 及格、其余为不及格），效果如图 3.8 所示。

分析：本例是一个典型的多分支选择结构，因此用嵌套的 if 语句来解决。具体的实现步骤如下。

【步骤 1】设计程序界面，如图 3.8 所示。

【步骤 2】界面控件属性设置，如表 3.5 所示。

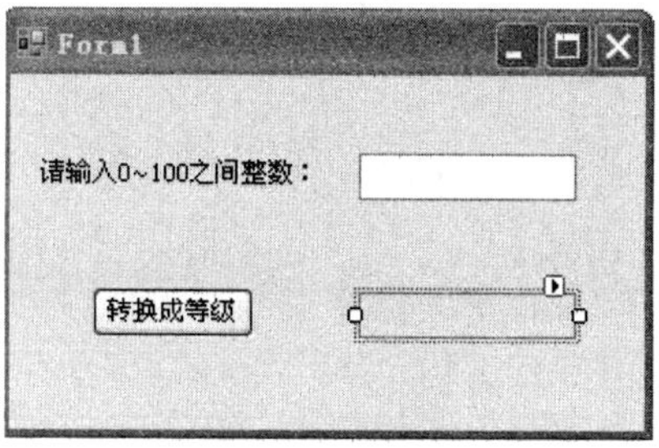

图 3.8　界面设计

表 3.5　属性设置

控件类型	控件名称	属性	设置结果
Label	Label1	Text	请输入 0~100 之间整数：
Button	Button1	Name	btnConvert
		Text	转换成等级
TextBox	TextBox1	Name	txtScore
	TextBox2	Name	txtGrade
		ReadOnly	True

【步骤 3】编写代码如下。

```
private void btnConvert_Click_1(object sender, EventArgs e)
{
if (string.IsNullOrEmpty(txtScore.Text) || int.Parse(txtScore.Text) < 0 || int.Parse(txtScore.Text) > 100)
{
 MessageBox.Show("未输入或输入的数不合法，请重新输入要判断整数。");
 txtScore.Text = null;
 txtScore.Focus();
}
   else
{
int num = int.Parse(txtScore.Text);
if (num < 60)
{
txtGrade.Text = "等级为：不及格";
}
if (num >= 60 && num <= 69)
{
txtGrade.Text = "等级为：及格";
}
if (num >= 70 && num <= 79)
{
txtGrade.Text = "等级为：中等";
}
if (num >= 80 && num <= 89)
{
```

```
txtGrade.Text = "等级为：良好";
}
if (num >= 90 && num <= 99)
{
txtGrade.Text = "等级为：优秀";
}
}
}
```

【步骤 4】运行调试，结果如图 3.8 所示。

从上面例题可以看出，如果程序中出现了多层的 if 语句嵌套，程序结构不清晰，代码的可读性差。在这种情况下，如果使用 if 语句的嵌套格式 else if 来编写代码，可以使程序简明易懂。

if 语句的嵌套格式 else if 形式如下：

```
if(<条件表达式 1>)
<语句组 1>
[ else if (<条件表达式 2>)
<语句组 2>]
…
[ else if (<条件表达式 n>)
<语句组 n>]
[else
<语句组 n+1>]
```

说明：

（1）else 子句与 else if 子句都是可选项，可以放置多个 else if 子句，但它必须放置在 else 子句之前。

（2）执行过程：先测试<条件表达式 1>，如成立，执行<语句组 1>；否则依次测试 else if 部分的条件，若成立，则执行相应的语句组；如果没有一个条件成立的话，则执行 else 字句的<语句组 n+1>。

将示例 3.2 改为嵌套格式 else if，代码如下。

```
private void btnConvert_Click_1(object sender, EventArgs e)
{
int score = int.Parse(txtScore.Text.Trim());
if (score > 100 || score < 0)
txtGrade.Text = "输入错误，请输入 0~100 之间整数";
else if (score >= 90)
txtGrade.Text = "等级为：优秀";
else if(score>=80)
txtGrade.Text = "等级为：良好";
else if (score >= 70)
txtGrade.Text = "等级为：中等";
else if (score >= 60)
txtGrade.Text = "等级为：及格";
else
txtGrade.Text = "等级为：不及格";
}
```

上述代码明显要比 if 语句中的代码要清晰得多，因此，当 if 语句的嵌套层次较多时，应当采用 else if 格式来编写。

3.2.1.3 switch 结构

使用 if 语句的嵌套可以实现多分支选择，但仍然不够快捷。为此，C#提供了多分支选择语句 switch，其形式如下：

```
switch(<表达式>)
{ case <常量表达式 1>:
        <语句组 1>
        break;
case <常量表达式 2>:
        <语句组 2>
        break;
…
case <常量表达式 n>:
        <语句组 n>
        break;
[default:
        <语句组 n+1>
        break;]
}
```

说明。

（1）<表达式>为必选参数，一般为变量；

（2）<常量表达式>是用于与<表达式>匹配的参数，只可以是常量表达式，不允许使用变量或者有变量参与的表达式；

（3）<语句组>不需要使用花括号（{}）括起来，而是使用 break 语句来表示每个 case 字句的结尾；

（4）default 子句为可选项。

多分支 switch 语句的执行过程如下：

（1）首先计算<表达式>的值。

（2）用<表达式>的值跟 case 后面的<常量表达式>去逐个匹配，若发现相等，则执行相应的语句组。

（3）如果<表达式>的值跟任何一个<常量表达式>都不匹配，在有 default 子句的情况下，则执行 default 后面的<语句组 n+1>；若没有 default 子句，则跳出 switch 语句，执行 switch 语句后面的语句。

上述执行过程可以用流程图表示，如图 3.9 所示。

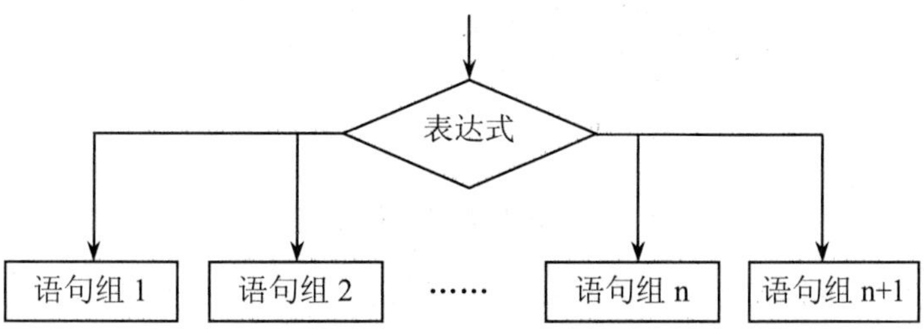

图 3.9 switch 语句流程图

注意：在使用 switch 语句时，每一个 case 子句必须要用 break 语句结尾，否则会发生编译错误。但如果该 case 子句的<语句组>为空，则不需要使用 break 语句。

【示例 3.3】将示例 3.2 用 switch 来实现，代码如下。

```
private void btnConvert_Click(object sender, EventArgs e)
{
    int score = int.Parse(txtScore.Text.Trim());
    if (score > 100 || score < 0)
    txtGrade.Text = "输入错误，请输入 0~100 之间整数";
    else
    {
    switch (score / 10)
     {
       case 10:
       case 9: txtGrade.Text = "等级为：优秀"; break;
       case 8: txtGrade.Text = "等级为：良好"; break;
       case 7: txtGrade.Text = "等级为：中等"; break;
       case 6: txtGrade.Text = "等级为：及格"; break;
       default: txtGrade.Text = "等级为：不及格"; break;
       }
    }
}
```

3.2.2 while 型循环

其形式如下：

```
while   (<表达式>)
{
    语句 1;
    语句 2;
    … …
    语句 n;
}
```

语句功能：当条件表达式的值为真时重复执行循环体中的各语句。

其中表达式是循环条件，语句为循环体，其循环结构的基本流程可用图 3.10 来表示。

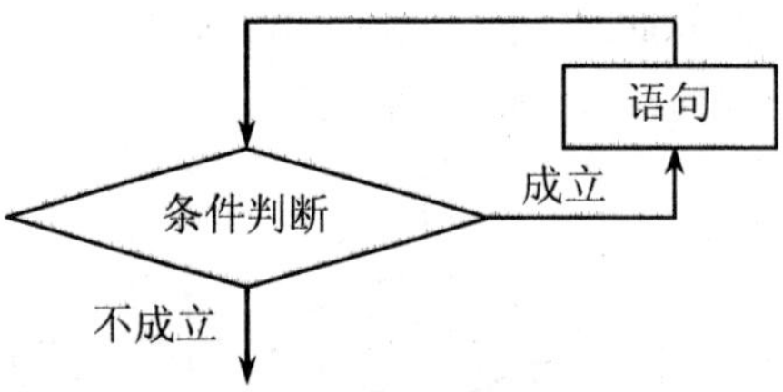

图 3.10　while 循环结构流程

从图 3.10 中看出，while 循环结构是先判断条件后执行的循环结构。语句为重复执行的内容，当给定条件成立时，反复执行它，直到条件不成立时脱离循环。也就是说，先计算表达式的值并判断，若表达式值为“真”，则执行循环体中的语句；然后再计算再判断，如此重复，直到表达式值为“假”时，才跳出循环。

提示：

（1）while 是 C#的关键字，尖括号的表达式可以是任意合法的表达式，并以它作为判断循环体是否执行的条件，后面的语句是重复执行部分。

（2）循环体可以是一条语句也可以是多条语句，若为多条语句必须用花括号括起来，组成一个复合语句；否则 while 语句只将第一句作为循环体。例如，“int k=5;while(k>1)Console.WriteLine("$"); k--;”，显然这是一个死循环，一直输出$符号，因为 k 的值没有被改变。改为“int k=5;while(k>1){ printf("$");k--;}”，则可以正确执行，随着 k 值的改变输出 4 个$符号。

（3）条件表达允许是关系表达式、逻辑表达式和赋值表达式。

【示例 3.4】编程实现求 1+2+3+4+5+…+100 的结果。

程序代码如下。

```
static void Main(string[] args)
{
 int i = 1, sum = 0;
 {
  sum = sum + i;
  i++;
  } while (i <= 100) ;
  console.writeline("结果是："+sum);
}
```

运行结果如图 3.11 所示。

图 3.11　运行结果

分析：先给变量 i 和 sum 赋初值，这里最重要的是 sum=0，如果不赋初值，系统自动给 sum 一个值，会得到错误结果。循环 i<=100 满足条件，执行循环体，共判断 101 次，第 101 次不满足条件，退出循环，每循环一次 sum 加一次 i 值，注意 i++，缺少此语句则是死循环。只能强制退出运行程序。还值得注意的是，while 的循环体一定不要丢掉{}，否则也陷入死循环，因为 i 的值没有改变。

【示例 3.5】while 语句实例——九九表。

输出如图 3.12 所示的下三角形乘法九九表。

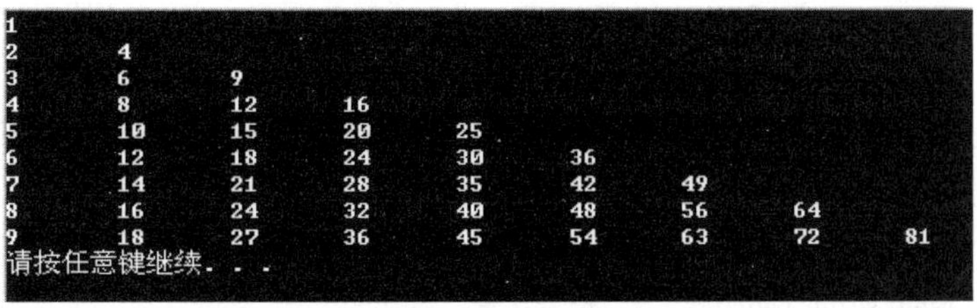

图 3.12　九九表运行结果

程序代码如下：

```
static void Main(string[] args)
{
 int i=1,j;
 while(i<=9)
 {
 j=1;
 while(j<=i)
 {
 Console.Write("{0}\t", i * j);
 j++;
 }
 Console.WriteLine();
 i++;
 }
}
```

分析：先找出图形的规律；如果用 i 表示行，用 j 表示列，则第 i 行中输出 j 个值，在第 i 行第 j 列位置上的值为 i*j，为了得到下三角形的图形，要求行列的关系满足 i<=j 时才输出 i*j 的值。程序中有两个 while 循环，是一个二重循环，里面的小循环控制打印九九表的一行，外层的大循环用于控制打印整个表中的九行，输出函数 Console.Write 中的格式说明符“\t”是为了使打印数据上下对齐。

3.2.3 do-while 型循环

语句格式：

```
do
{ 语句 1;
  语句 2;
  … …
  语句 n;
}  while(表达式);
```

语句功能：当条件表达式的值为真时重复执行循环体中的各语句。

do-while 型循环是先执行后判断的循环，首先无条件地执行一次循环体中的语句，然后再判断表达式的值，若表达式值为“真”，则执行循环体中的语句；然后再计算再判断，如此重复，直到表达式值为“假”时，则跳出循环。

提示：

（1）do 为关键字，必须与 while 搭配使用，do 与 while 之间的语句称为循环体。当循环体多于一句时，应该用{}括成复合语句。

（2）while();后面的分号务必不要少，否则语法出错。

（3）条件表达允许是关系表达式、逻辑表达式和赋值表达式。

【示例 3.6】对示例 3.4 编程实现求 1+2+3+4+5+…+100 的结果。

代码如下：

```
static void Main(string[] args)
```

```
{
 int sum = 0, i = 1;
 do
 {
 sum = sum + i;
 i++;
 } while (i <= 100);
 Console.WriteLine("sum="+sum);
}
```

注意：

（1）在 if 语句和 while 语句中，表达式都不能加分号，而在 do-while 语句的表达式后面则必须加分号。

（2）do-while 语句可以组成多重循环，而且可以和 while 语句相互嵌套。

（3）在 do 和 while 之间的循环体由多个语句组成时，也必须加{ }括起来组成一个复合语句。

（4）do-while 和 while 语句相互替换时，要注意修改循环控制条件。

3.2.4 for 型循环

C#语言中 for 语句的使用是最灵活的，不仅可以用于循环次数已确定的情况，而且可以用于循环次数不确定而只给出循环结束条件的情况，它完全可以代替 while 语句。

形式如下：

```
for(表达式 1;表达式 2;表达式 3)
{
    语句 1;
    语句 2;
    … …
    语句 n;
}
```

“表达式 1”为循环初始表达式，用于进入循环体前为循环变量赋初值，由算术表达式、赋值表达式、逻辑表达式和逗号表达式构成。

“表达式 2”为循环控制表达式，用于控制循环体语句的执行次数，由关系表达式或逻辑表达式构成。

“表达式 3”修改循环变量表达式，即每循环一次则表达式 1 的值就要变化一次，其由算术表达式、赋值表达式、逻辑表达式或逗号表达式构成。

注意：

（1）通常表达式 1 是赋初值语句，表达式 2 是判断语句，表达式 3 是变量值的改变语句。

（2）表达式 1 和表达式 2 后都有 “;” 号分隔，不可缺少，表达式 3 后无分号。

（3）与 while 和 do-while 相比，for 功能更强，以后的使用频率也最多。

【示例 3.7】对于示例 3.4 可以用 for 循环来改写，代码如下。

```
static void Main(string[] args)
{
    int sum = 0;
    int i = 1;
```

```
        for (; i <= 100; )
        {
        sum = sum + i;
        i++;
        }
        Console.WriteLine("sum=" + sum);
    }
```

在这个程序里赋初值是 i=1，判断语句 i<=100，i++是改变 i 值的语句。

【示例 3.8】从键盘上输入若干学生的成绩，当输入负数时结束输入，统计并输出最高成绩和最低成绩。

程序代码如下：

```
static void Main(string[] args)
 {
  float n1=float.Parse(Console.ReadLine());
  float max = n1,min=n1;
  while (n1>=0)
  {
   if (max<n1)
   max = n1;
   else if (min>n1)
   min = n1;
   n1 = float.Parse(Console.ReadLine());
   }
   Console.WriteLine("最大值为："+max);
   Console.WriteLine("最小值为："+min);
 }
```

程序运行结果如图 3.13 所示。

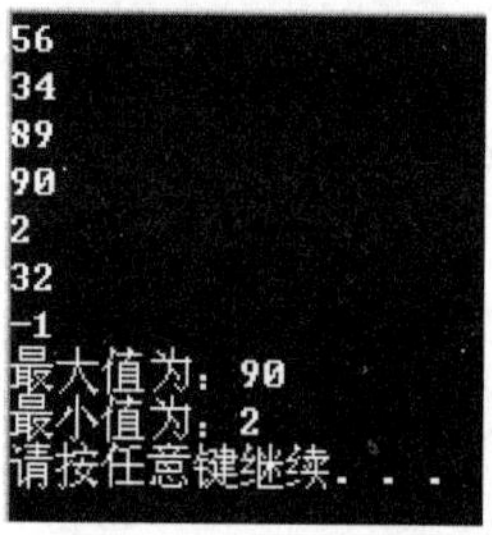

图 3.13　最高成绩和最低成绩运行结果

分析：利用变量 n1 来保存用户输入的成绩，第一次输入成绩时，执行 max=n1, min=n1;语句，判断 n1 是否大于 0，如果是，则与 max 和 min 进行比较，修改 max 和 min 的值，切记循环体中也要有输入语句，请思考为什么？

对于上述的 for 循环格式只是一般的情况，在缺少表达式 1 或表达式 2 或表达式 3 时，我们来看看此时特殊的 for 循环如何来执行。

（1）for(;表达式 2;表达式 3)

图 3.14 代码常用于无需给变量赋初值的情况。

```
static void Main(string[] args)
{
    int sum = 0,i = 1;
    for (; i <= 100; i++)
        sum = sum + i;
        Console.WriteLine("sum=" + sum);
}
```

图 3.14　缺少表达式 1

（2）for(表达式 1; ;表达式 3)

图 3.15 代码失去了对循环变量的控制，将导致无限循环。通常这种情况要借助于本章后面要讲的 break 语句来结束死循环。即在 for 语句后加上语句 if(n>100) break;结束循环。此时 for 后要用复合语句，即要加一对{}。

```
static void Main(string[] args)
{
    int sum = 0;
    for (int i = 1;; i++)
        sum = sum + i;
        Console.WriteLine("sum=" + sum);
}
```

图 3.15　缺少表达式 2

（3）for(表达式 1;表达式 2;)

图 3.16 失去了修改循环变量的值，在循环体内必须设有替代表达式 3 的功能。此时在循环体内加上 i++;语句来改变循环变量的值。

```
static void Main(string[] args)
{
    int sum = 0;
    for (int i = 1; i <= 100; )
    {
        sum = sum + i;
        i++;
    }
        Console.WriteLine("sum=" + sum);
}
```

图 3.16　缺少表达式 3

（4）for　(；表达式 2；)

图 3.17 这种格式完全等价于 while 语句，即进入循环体前必须有赋初值语句，而且在体内要有修改循环变量的值的语句。此时要在变量 i 定义完之后，对 i 赋初值 i=1;，在循环体内加上 i++;语句来改变循环变量的值。

```
static void Main(string[] args)
{
    int sum = 0;
    int i = 1;
    for (; i <= 100; )
    {
        sum = sum + i;
        i++;
    }
        Console.WriteLine("sum=" + sum);
}
```

图 3.17　缺少表达式 1 和表达式 3

（5）for （; ;）

图 3.18 是一个死循环。在设计程序时也要借助于本章后面要讲的 break 语句来结束死循环。此时要在循环体内增加语句 if(i>100)break;来结束死循环。可见 for 语句比 while 语句功能强，除了可以给出循环条件外，还可以赋初值，使循环变量自动增值等。

```
static void Main(string[] args)
{
    int sum = 0;
    int i = 1;
    for (; ; )
    {
        sum = sum + i;
        i++;
    }
        Console.WriteLine("sum=" + sum);
}
```

图 3.18　缺少表达式 1、表达式 2 和表达式 3

以上介绍的几种省略表达式的 for 语句格式很少使用，在此只是作为对该语句的一个了解。

3.2.5　其他控制语句

前面介绍了 3 种能够实现循环的语句，它们退出循环的方式通常都是以某个表达式的结果作为判断条件，当其值为假时结束循环。除了这种正常结束循环的方式外，还可以利用 C#语言提供的专门退出循环的语句。

3.2.5.1　break 语句

break 语句主要是用于 switch 结构和循环结构中，强制退出循环或跳出 switch 选择语句。

break 语句的执行形式为：break;

break 语句在循环中，其功能是终止当前的循环，转向后续语句执行。

【示例 3.9】 break 语句的使用。

程序代码如下：

```
static void Main(string[] args)
{
 int sum = 0;
 int i = 1;
 for (; ; )
 {
 sum = sum + i;
 i++;
 if (i > 100)
 break;
 }
 Console.WriteLine("sum=" + sum);
}
```

程序运行结果如图 3.19 所示。

```
sum=5050
请按任意键继续. . .
```

图 3.19　程序运行结果

分析：这个程序将在屏幕上显示 1～100 的加法。因为 break 语句迫使循环立即结束，在条件 i>100 时停止循环的执行。需要注意的是，在多重循环中使用 break 语句时，程序流程将仅仅退出 break 语句所在的那层循环，也就是说，一条 break 语句不能使程序流程退出一层以上的循环。

注意：对于循环的多重嵌套，在使用 break 语句时，break 跳出的是当前所在的那个循环体，不要读错程序，搞不清 break 的作用范围。

3.2.5.2　continue 语句

continue 语句的其一般形式：continue;

该语句是专用于循环结构中改变某一次循环流程的语句。其作用是：使程序流程提前结束本次循环，从而开始下一次循环。

【示例 3.10】continue 语句的使用。

程序代码如下：

```
static void Main(string[] args)
 {
   int i = 0;
   while (i < 20)
   {
    i++;
    if (i % 5 == 0)
    continue;
    Console.Write(" "+i);
    }
    Console.WriteLine();
 }
```

程序运行结果如图 3.20 所示。

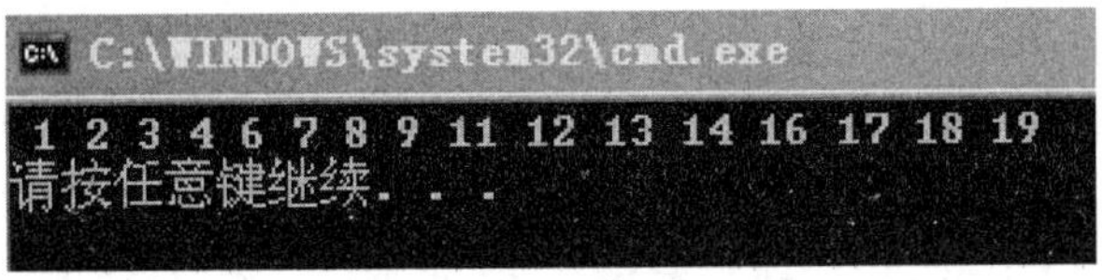

图 3.20　程序运行结果

分析：可以看出，程序输出的是 20 以内的所有整数，唯独没有输出 5 的倍数。这是由于凡是遇到 5 的倍数时，在 continue 的作用下，程序流程跳过输出语句，直接进入循环的判定。

提示：

（1）在 C#语言中有相当多的控制语句，break、continue 语句已经能很好地完成程序的流程控制。

（2）程序设计时很多时候也不使用 continue 语句就可以实现，所以 continue 语句使用得不是很多。

3.3　回到工作场景

通过对以上 3.2 节内容的学习，了解了 if 语句、switch 语句、while 语句，do-while 语句以及

for 语句实现循环的过程之后，现在回到 3.1 节工作场景的任务中。

方法一：运用循环结构控制的结束条件应该是本金和利息之和超过 150 万元；本金和利息之和通过变量 sum 得到，即 sum+=sum*0.07。循环最大次数可由银行还款最大期限决定，即通过 i 控制最大循环次数。此处先用 for 循环实现该场景。程序代码如下：

```
static void Main(string[] args)
{
   int i=1;
   double sum = 1000000;
   for(i=1;i<=30;i++)
   {
    sum += sum * 0.07;
    if (sum > 1500000)
    break;
    }
    Console.WriteLine("最大年限为："+(i-1));
}
```

程序运行结果如图 3.21 所示。

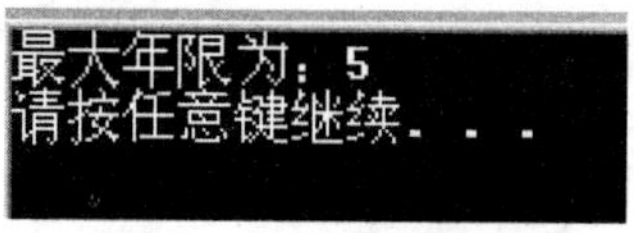

图 3.21　工作场景运行结果

注意：

（1）循环次数应限制为 1 ~ 30 之间；

（2）break 语句的使用；

（3）理解语句 sum+=sum*0.07;的意思，即 sum=sum+sum*0.07;，可求得本金与利息之和；

（4）最后输出的最大年限应为 i-1，而不是 i，请仔细体会 i 的变化情况。

方法二：for、while、do-while 语句在通常情况下是可以相互转化的。下面使用 while 语句实现该场景；同样的，也可用 do-while 实现，本书在此不再赘述。程序代码如下：

```
static void Main(string[] args)
{
   int i=1;
   double sum = 1000000;
   while(i <= 30)
   {
    sum += sum * 0.07;
    if (sum > 1500000)
    break;
    else
    i++;
    }
Console.WriteLine("最大年限为："+(i-1));
}
```

运行结果如图 3.21 所示。

注意：

（1）要设置一个计数器，用来统计循环次数，从而得到还款的最大年限；

（2）循环结束条件应为总的还款金额超过 150 万元；

（3）最后输出的最大年限应为 i-1，而不是 i，请仔细体会 i 的变化情况；

（4）银行规定的最大还款期限体现在语句“if(i>30) break;”。

3.4 工作训练营

3.4.1 项目训练

1. 训练内容

某公司为了防止数据信息泄露，决定设计一个“数据加密”程序，数据是小于 8 位的整数，加密规则如下：将每位数字都加上 5，再用和除以 10 的余数代替该数字，最后将第一位和最后一位数字交换，如输入 1234，则应输出 9786。

2. 训练目的

掌握各类循环结构的使用方法以及各自的适用范围。

3. 训练过程

仔细理清题目要求，选择合适的循环语句，设计出程序的答题步骤和具体的代码处理过程，最后编写出完整的 C#语言源程序。

分析：根据题目要求理清处理步骤。

【步骤 1】将每位数字都加上 5，再用其和除以 10 的余数代替该数字，即可用句型 s=(s+5)%10;来实现。

【步骤 2】将第一位和最后一位数字交换，本程序中分别用 first 和 last 两个变量记录首末两位数字。

【关键代码】

```
static void Main(string[] args)
{
 int n, i;
 int len = 0;
 int temp;
 int result = 0;
 int first=0, last=0;
 Console.WriteLine("please input a number:");
 n = int.Parse(Console.ReadLine());
 temp = n;
 while (temp>0)
 {
  len++;
  temp = temp / 10;
  }
```

```
    temp = n;
    for (i = 0; i < len; i++)
   {
//个位数字加 5 后余 10
  result += (temp + 5) % 10 * ((int)System.Math.Pow(10, i));
if (i == 0) last = result;     //判断是否为个位
if (i == len - 1) first = (temp + 5) % 10;//判断是否为首位
temp = temp / 10;
}//计算出首末两位未互换的结果
result = last * (int)System.Math.Pow(10, len - 1) + (result / 10 - first * (int)System.Math.Pow(10, len - 2))
* 10 + first;//交换首末两位
Console.WriteLine("result="+result);
}
```

上面的程序使用了 for 和 while 两种循环结构，这在复杂情景的编程中是极其普遍的。同时，要十分清楚程序各个阶段的处理意义，理解具体代码的含义。

运行结果如图 3.22 所示。

图 3.22　训练内容的运行结果

4. 技术要点

熟练掌握各类循环语句的使用方法，特别是它们的综合使用和嵌套使用，了解各个循环体内的循环过程和结束条件。

3.4.2　工作实践常见问题解析

【问题 1】不能准确地理顺题目要求，不清楚具体的处理步骤。

【答】借助于程序流程图，将题目的处理过程一一分解，化整为零。

【问题 2】在循环体中，尤其是相互嵌套的循环体中，搞不清楚各个循环体的作用范围以及程序具体的执行过程和公共变量的作用域。

【答】解决这个问题，可以先按照各个循环对应的大括号划分各个循环体的作用范围，然后根据此作用范围确定各变量的作用域。

【问题 3】在使用各种循环语句时，经常会出现死循环的情况。

【答】注意循环的初始条件，特别是循环的结束条件中判断语句的使用是否正确。

【问题 4】不清楚 break 和 continue 的意义和它们之间的区别。

【答】break 是结束本层循环，而 continue 仅仅结束本次循环。

小结

本单元介绍了选择结构、循环结构设计。在 C#语言中，用 if 语句和 switch 语句均能实现选择控制；用 while 语句、do-while 语句和 for 语句均能实现循环控制。结合使用 break 语句、continue

语句，还可以改变程序的执行流程，提前退出循环或提前结束本次循环。

本单元主要内容如下：

if 语句——先判断表达式的值，如果成立，则执行语句体。

switch 语句——先判断表达式的值，找到匹配的入口，执行语句体。

while 语句——先判断表达式的值，且值为真时执行其后的循环体。

do-while 语句——先执行循环体，然后判断表达式的值。

for 语句——根据循环变量的取值和条件进行重复的运算。

break 语句——结束整个循环过程，不再判断执行循环的条件是否成立。

continue 语句——只结束本次循环，并不终止整个循环的执行。

本单元知识结构如图 3.23 所示。

- 选择结构
  - if 语句
    - 一般形式
    - 注意问题
      - 条件为真时执行
      - 多个语句应使用大括号
  - switch 语句
    - 一般形式
    - 注意问题
      - 计算表达式的值，找到入口
      - 每个 case 后面要有一个 break;分句
      - 每个 case 后面不必使用大括号
- 循环结构
  - while 循环
    - 一般形式
    - 注意问题
      - 条件为真执行循环
      - 多个语句应使用大括号
      - 注意循环条件，避免死循环
      - 可以由 while 语句构成多重循环
  - do-while 循环
    - 一般形式
    - 注意问题
      - do-while 语句后面要加分号
      - 可以和 while 相互嵌套
      - 循环体有多个语句也要用大括号
      - 与 while 循环替换时注意修改条件
  - for 循环
    - 书写形式和执行过程
    - 书写格式注意问题
      - 表达式 1、3 可以替换
      - 表达式 2 可以省略，但循环不停止
      - 表达式可以为任意型，执行顺序不变
  - continue 和 break
    - 作用：终止循环
    - 区别：结束本次循环和结束整个循环

图 3.23　本单元知识结构图

单元四

使用方法、数组与 String 类

单元要点

- 方法的定义及使用
- 方法中参数的传递
- 数组的定义及使用
- 冒泡排序法
- String 类

技能目标

- 会定义和使用方法
- 能实现方法中参数的不同传递形式
- 会使用一维数组
- 能使用二重循环实现冒泡排序
- 会使用 String 类

项目载体

- 工作场景项目：成绩计算
- 工作训练营项目：数据排序

4.1 工作场景导入

【工作场景】

小王是一位老师，每学期都为学生成绩的计算而烦恼，请为王老师设计“成绩计算”程序，输入学生成绩后，自动完成成绩的平均分、最高分、最低分计算，并能进行排序。以输入 10 个学生的成绩为例，效果如图 4.1 所示。

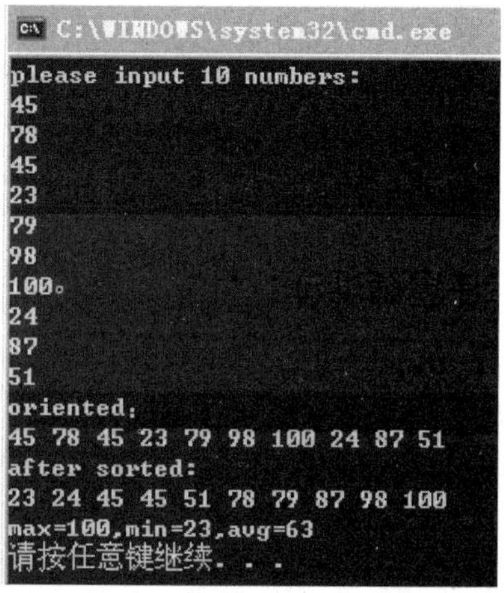

图 4.1　工作场景示例图

【引导问题】

（1）如何保存输入的 10 个成绩？

（2）如何进行排序，按从小到大的顺序输出？

（3）如何进行参数的传递？

（4）如何进行数据的平均值、最大值和最小值的计算？

4.2 技术与知识准备

4.2.1 方法

在 C 语言中自己写过方法，那么使用方法有什么好处呢？方法是类的一种行为，方法会使代码容易修改、方便阅读、实现封装和重用。比如以前用过好多.NET 定义好的类的方法，例如，Console.ReadLine()和 ReadLine()就是系统定义好的方法。除了使用.NET 提供的类的方法，也可以自己来定义方法。

4.2.1.1　定义方法

方法定义：

```
访问修饰符　<返回类型>　方法名([<参数列表>])
{
[<语句组>]
```

```
    [<return> [<表达式>];]
    }
```

说明：

（1）什么是访问修饰符呢？就是可访问的级别，public 是公共的，private 是私有的。在程序中，如果将方法声明为 public，就表示可以在其他类中使用，如果声明为 private，就只能在该类中使用。

（2）返回类型是必选项，它指定了方法返回值的数据类型，可以指定为任何的数据类型，如 int、double 等。如果方法没有返回值，必须使用 void 关键字来指定。

（3）方法名为方法的名称，它的取名遵循 C#的合法标识符规则，并且方法的命名应当采用 Pascal 风格，就是组成方法名的单词直接相连，每个单词的首字母大写，例如 ReadLine()。

（4）参数列表是可选的，在调用方法时，它用来给方法传递信息。声明方法时，如果有参数，则必须写在方法名后面的小括号中，并且必须指定它的类型和名称；若有多个参数，需要用逗号（，）隔开，例如，“int n1,int n2”，声明方法时的参数，称为形式参数，简称形参。

（5）语句组即方法体，是调用方法时执行的代码块。它是可选项，但一般都会有方法体。

（6）return 为可选项，用于给方法返回一个指定数据类型的值。

注意：return 语句的表达式的值的数据类型必须跟定义方法时指定的方法返回值类型相同，否则会发生编译错误。

4.2.1.2　向方法中传递参数

在 C#中，可以使用两种方法来传递参数。

1．值传递

【示例 4.1】编程完成 1+2+3+…+n，n 的值由键盘输入。

参考代码如下：

```
static void Main(string[] args)
{
   Console.WriteLine("input number:");
   int n;
   n = int.Parse(Console.ReadLine());
   long sum = 0;
   for (int i=1; i<=n; i++)
   sum = sum+i;
   Console.WriteLine("sum="+sum);
}
```

分析：要定义一个方法来计算累加，方法的名字取名为 Fact，将 n 的值作为方法的参数传入，将计算结果作为方法的返回值，修改代码如下。

```
static void Main(string[] args)
 {
  Console.WriteLine("input number:");
  int t;
  t = int.Parse(Console.ReadLine());
  Console.WriteLine("sum="+Fact(t));
 }
 private static long Fact(int n)
```

```
{
    long sum = 0;
    for (int i = 1; i <= n; i++)
    sum = sum + i;
    return sum;
}
```

运行结果如图 4.2 所示。

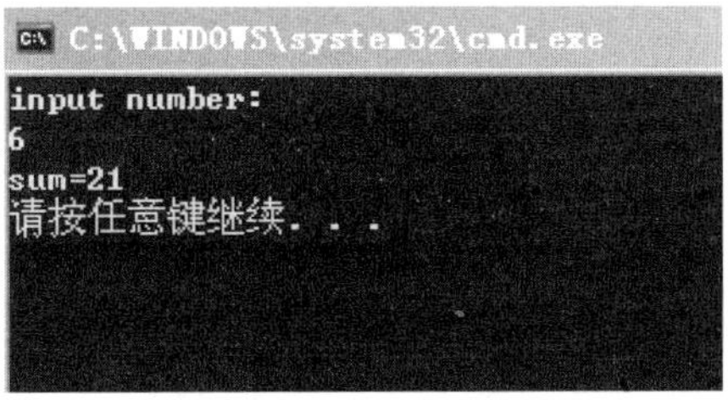

图 4.2　运行结果

在定义 Fact 方法时，使用了一个 static 关键字。如何调用方法呢？一般来说都是使用 new 关键字创建一个对象，然后用“对象名.方法名”的方式来调用方法。其实，也可以直接用类名来调用方法，还记得之前调用 ReadLine()方法吗？就是直接用类名来调用的，那是因为 ReadLine()方法是 Console 类的一个静态方法，不需要用 new 来创建 Console 类的对象，而是直接用 Console.ReadLine()来调用。在上面示例中，Main 方法和 Fact 方法在同一个类 Program 中，所以不需要类名直接调用 Fact()方法就可以了。

【示例 4.2】思考一下下列程序的运行结果。

```
class Program
{
    static void Main(string[] args)
    {
        Console.Write("input n=");
        int n = int.Parse(Console.ReadLine());
        Add(ref n);
        Console.WriteLine("n="+n);
    }
    private static void    Add(int n)
    {
        n=n+10;
    }
```

该示例的运行结果如图 4.3 所示。

图 4.3　示例 4.2 的运行结果

我们发现，方法调用后，n 的值并没有交换，这是为什么呢？因为在给方法传递参数时使用了值传递。什么是值传递呢？就是只把参数的值传到了方法里面，如果在方法中对参数的值进行了修改，在方法调用之后，参数仍然是原来的值。那么，有没有什么方式能够在方法调用后保存对参数的修改呢？这就需要引用传递参数。

2. 按引用传递参数

除了上面的按值传递参数外，还可以按引用传递参数，这样可以在方法调用之后仍然保留对参数值的修改。按引用传递参数，需要用 ref 关键字修饰参数，现在就来修改示例 4.2，代码如下：

```
class Program
{
  static void Main(string[] args)
   {
     Console.Write("input n=");
     int n = int.Parse(Console.ReadLine());
     Add(ref n);
     Console.WriteLine("n="+n);
    }
   private static void    Add(ref int n)
   {
    n=n+10;
   }
```

程序运行结果如图 4.4 所示。

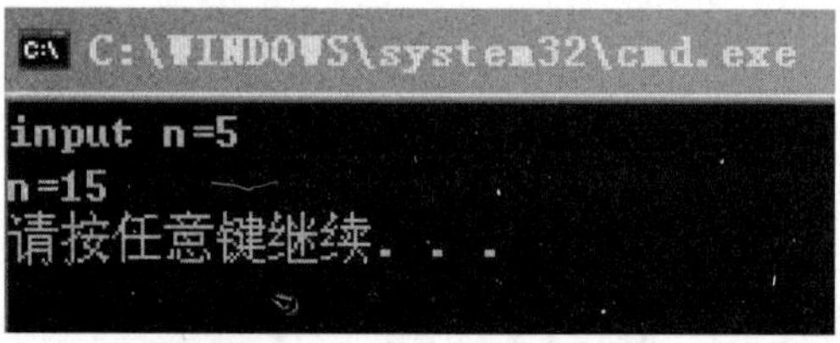

图 4.4　示例 4.2 修改运行结果

观察代码，ref 的使用方法很简单，在定义方法时和方法调用时都要使用 ref 修饰参数，而且使用 ref 修饰的参数必须在调用的方法中赋值。

注意：按引用传递参数在调用方法时也要使用 ref 修饰参数，否则会出错。

4.2.2 数组

在 C 语言里面学习过数组，回想一下，为什么要使用数组呢？当然是为了方便存取数据。C#中数组的使用与 C 语言有一些不同，但相信可以很快地掌握。

1. 声明

语法

```
数据类型[] 数组名;
```

例如：

```
int[] a;
```

2. 指定数组大小

要使用 new 关键字指定大小。

例如：

```
int[] a;
a=new int[5];
```

可合并两步为：

```
int[] a=new int[5];
```

3. 初始化

方法一：

```
int[] a=new int[5]{1,2,3,4,5};
```

方法二：

```
int[] a=new int[ ]{1,2,3,4,5};
```

方法三：

```
int[] a={1,2,3,4,5};
```

这三种方法都能声明并初始化一个长度为 5 的整型数组，并给数组中的每个元素都赋了初值，方法一的长度由中括号中的 5 决定，方法二和三的数组的长度由大括号中的初值的个数决定。

注意：C#允许在初始化的同时指定数组的长度，但是数组初始值的数目必须与数组的长度完全一致，例如 int[] b=new int[2]{1};，该语句错误，原因是初始值数目与数组长度不一致。

4.2.3 foreach 语句

foreach 语句实际上是一种循环语句，一般用在数组中，用于循环访问数组中的各个元素以获取所需信息。

一般形式：

```
foreach(<数据类型> <循环变量> in <数组>)
{
循环体
}
```

说明：

（1）<数据类型>是与数组的元素相匹配的数据类型。

（2）<循环变量>是一个普通的变量，一般用来表示数组中的元素。

例如：

```
int[] a=new int[5]{1,2,3,4,5};
int f=1;
foreach(int i in a)
f=f*i;
```

上述代码执行后，f 的值为数组中所有元素的积，即 120。

4.2.4 C#中的 String 类

字符串是在程序中非常常用的一种类型，在 C#中有一个 String 类，它位于 System 命名空间中，属于.NET Framework 类库，而以前一直在用的 string 只不过是 String 类在 C#中的一个别名。现在来认识一下强大的 String 类。

通常使用格式字符串和参数列表的形式输出数据，如：

```
string address="江苏苏州";
Console.WriteLine("我的籍贯是{0}",address);
```

其中的"我的籍贯是{0}"叫做格式字符串，格式字符串后面的部分叫做格式列表，格式字符串中的{x}叫做占位符。其实，String 类提供了一个很强大的 Format()方法来格式化字符串。Format()方法允许把字符串、数字或布尔类型的变量插入到格式字符串中，它的语法如下：

```
string str=string.Format("格式字符串",参数列表);
```

例如：

```
string str= string.FORMAT("{0}+{1}={2}",2,3,2+3);
```

其中，"{0}+{1}={2}"就是一个格式字符串，{0}、{1}、{2}分别对应于后面的 2、3、2+3，占位符中的数字 0、1、2 分别对应于参数列表中的第 1、2、3 个参数，这条语句的运行结果为：2+3=5。

4.2.5 冒泡排序

排序采用的是冒泡排序法。假定有一组数据：8、3、5、1、9、6，它们第一轮冒泡排序的过程如图 4.5 所示，你能看出排序的规律吗？

```
第一轮：
第一次：8 ⇄ 3   5   1   9   6
第二次：3   8 ⇄ 5   1   9   6
第三次：3   5   8 ⇄ 1   9   6
第四次：3   5   1   8 ⇄ 9   6
第五次：3   5   1   8   9 ⇄ 6
最终结果：3   5   1   8   6   9
```

图 4.5　第一轮比较

第一轮下来，大家发现什么规律了吗？最大值排到最后了。冒泡排序就是从第一个元素开始，用它和它紧挨着的后一个元素比较，如果后面的元素小于前面的元素，就交换它们，否则保持原样，然后转移到后一个位置，重复以上过程，最后，最大的元素已经定位，即最后位置。

第二轮比较如图 4.6 所示。

```
第二轮：
第一次：3 ⇄ 5   1   8   6   9
第二次：3   5 ⇄ 1   8   6   9
第三次：3   1   5 ⇄ 8   6   9
第四次：3   1   5   8 ⇄ 6   9
最终结果：3   1   5   6   8   9
```

图 4.6　第二轮比较

第二轮下来，大家发现什么规律了吗？次大值到最后第二的位置，并且第二轮的比较次数比上一轮减少了一次。依次类推，最终完成排序任务。

4.3 回到工作场景

通过对以上两节内容的学习，了解了方法的定义、值传递、引用传递以及数组的定义使用等，现在回到 4.1 节工作场景的任务中来。

分析：分别定义数组的输入、输出、排序、求平均值、求最大值最小值五个方法。其中前三个方法无返回值，第四个方法的返回值为平均值，第五个方法有两个返回值，但只能运用一个 return 语句，所以用 return 语句返回最大值，最小值采用引用传递。

（1）输入方法代码如下。

```
private static void InputSZ(int[] a1)
 {
  for (int i = 0; i < a1.Length;i++ )
  {
    int x = int.Parse(Console.ReadLine());
    a1[i] = x;
   }
  }
```

说明：a1.Length 求出数组 a1 的长度，即数组的元素个数。

（2）输出方法代码如下。

```
private static void OutputSZ(int[] a)
{
  for (int i = 0; i < a.Length; i++)
  {
    Console.Write(a[i] + " ");
  }
    Console.WriteLine();
  }
```

（3）排序方法代码如下。

```
private static void Sort(int[] a2)
{
  int temp;
  for (int i = 0; i < a2.Length-1; i++)
 {
  for(int j=0;j<a2.Length-i-1;j++)
  if (a2[j] > a2[j+1])
  {
    temp = a2[j];
    a2[j] = a2[j+1];
    a2[j+1] = temp;
    }
   }
  }
```

（4）求平均值方法代码如下。

```
private static double   Avg(int[] a)
{
      int sum = 0;
      foreach(int i in a)
      sum = sum + i;
      double average = (1.0*sum )/ a.Length;
      return average;
  }
```

说明：求平均值用总成绩除以数组的长度，为什么要乘以 1.0 呢？因为在 C#中，整数除以整数，结果为整数，例如：100/21=4，与实际结果 4.76 相差甚远，1.0*sum 结果是实数，实数/整数的结果也为实数。

（5）求最大值最小值方法如下。

```
private static int MaxMin(int[] a,ref int min)
{
  int max = 0;
  for (int i = 0; i < a.Length; i++)
  {
      if (max < a[i])
      max = a[i];
      if (min > a[i])
      min = a[i];
   }
      return max;
}
```

说明：因为要返回两个值（最大值和最小值），而只能运用一个 return，因此最大值是通过 return 语句返回到主函数中，而最小值是通过引用传递将值传递到主函数中。

（6）主体函数如下。

```
static void Main(string[] args)
{
    int[] a=new   int[10];
    Console.WriteLine("please input 10 numbers:");
    InputSZ(a);
    Console.WriteLine("oriented：");
    OutputSZ(a);
    Sort(a);
    Console.WriteLine("after sorted:");
    OutputSZ(a);
    int min=a[0];
    int max = MaxMin(a, ref min);
    double avg = Avg(a);
    Console.WriteLine("max={0},min={1},avg={2}",max,min,avg);
}
```

说明：引用传递的话，形参和实参前一定都要加上 ref 关键字，否则编译出错。

4.4　工作训练营

4.4.1　项目训练

1. 训练内容

小陈去一软件公司面试，主管要求小陈设计一个“数据排序”的程序项目，使用数组实现数据从大到小排序，例如，一组数据是 5 2 9 7 6，输出后是 9 7 6 5 2。

2. 训练目的

掌握数组的初始化及冒泡排序法。

3. 训练过程

仔细理清题目要求，选择合适的初始化方法，设计出程序的答题步骤和具体的代码处理过程，最后编写出完整的 C#语言源程序。

分析：根据题目要求理清处理步骤。

【步骤 1】数组的初始化。

【步骤 2】冒泡排序法：定义方法 Sort，无返回值。

【步骤 3】数组的输出：定义方法 OutPutSZ，无返回值。

【关键代码】

```
static void Main(string[] args)
{
    int[] a = new int[5] {5,2,9,7,6 };
    Console.WriteLine("yuan shuzu wei:");
    OutPutSZ(a);
    Sort(a);
    Console.WriteLine("paixuhou shuzu wei:");
    OutPutSZ(a);
}
private static void Sort(int[] a1)
{
    int temp = 0;
    for (int i = 0; i < a1.Length; i++)
    for (int j = 0; j < a1.Length - 1 - i; j++)
    if (a1[j] < a1[j + 1])
    {
        temp = a1[j];
        a1[j] = a1[j + 1];
        a1[j + 1] = temp;
    }
}
private static void OutPutSZ(int[] a2)
{
    foreach (int i in a2)
    Console.Write(i+" ");
    Console.WriteLine();
}
}
```

上面的程序自定义了两个方法：排序方法和输出方法。排序方法使用了 for 的循环嵌套；输出方法用了 foreach 循环，这在数组中经常用到。同时，要清楚程序各个阶段的处理意义，理解具体代码的含义。

运行结果如图 4.7 所示。

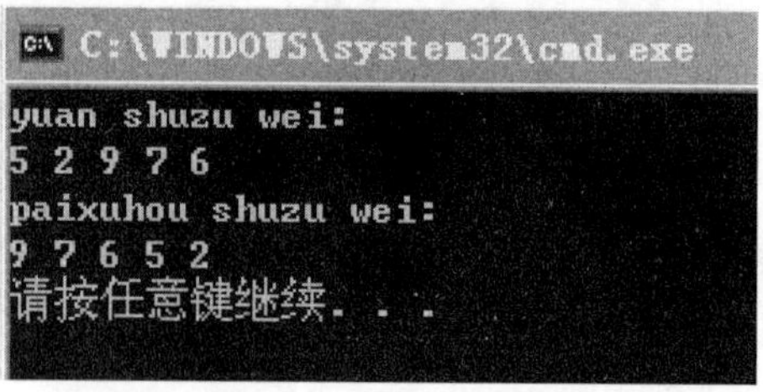

图 4.7 训练内容的运行结果

4. 技术要点

熟练掌握方法的定义和调用以及数组的运用，特别是形参和实参的关系。

4.4.2 工作实践常见问题解析

【问题 1】不能准确地理顺题目要求，不清楚具体的处理步骤。

【答】借助于程序流程图，将题目的处理过程一一分解，化整为零。

【问题 2】在数组中，如何实现数组的输入和输出？

【答】在数组中，数组元素的输入和输出都要用到循环，一般来讲，用的比较多的循环是 for 和 foreach。

【问题 3】foreach 与 for 有什么区别？

【答】foreach 只能读取，不能改变数组元素的值，另外也无法知道该元素在数组中的具体位置。for 语句是可以改变元素的值，而通过循环变量能知道元素在数组中的位置。

【问题 4】方法中形参和实参的关系。

【答】方法定义时的参数是形参，而方法调用时的参数是实参，运行的时候，运行到调用语句，程序流程就进入到方法中，同时，将实参的值传递到形参，执行完方法之后，回到调用语句所在的程序中，接着执行调用语句的下一个语句。

【问题 5】值传递和引用传递的区别。

【答】值传递是一种单向传递，只能将实参的值传递到形参。引用传递是一种双向传递，将实参的值传递到形参，也能将形参的值传递到实参。

小结

本单元介绍了方法的定义和调用、形参和实参、值传递和引用传递、数组等的定义和使用方法，同时开展了两个项目训练，总体训练了循环结构下的数据、参数、函数和值传递的技术和方法。通过本单元的学习，应当学会声明和使用方法及数组的运用，下一单元将进入使用数据库的 Windows 应用程序设计训练阶段。

单元五

开发 Windows 应用程序

单元要点

- ADO.NET 的功能和组成
- Connection 对象
- Command 对象
- DataSet 对象

技能目标

- 会使用 Connection 对象连接到数据库
- 会编写简单的数据库查询语句
- 能使用数据适配器填充数据集
- 能使用数据适配器将数据集的修改提交到数据库

项目载体

- 工作场景项目：个人通讯录
- 工作训练营项目：个人简历

5.1　工作场景导入

【工作场景】

在信息化时代，通讯信息越来越多，作为软件专业的学生，应该会设计一个“个人通讯录”来管理自己的通讯信息，下面来设计和完成如图 5.1 所示的通讯录项目。

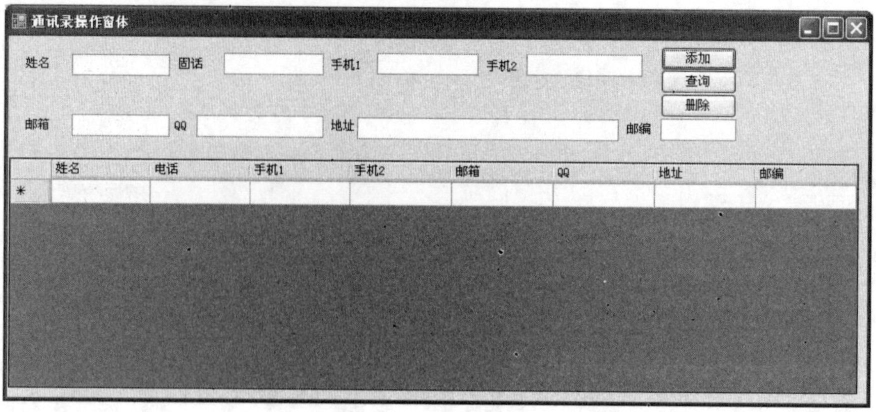

图 5.1　个人通讯录

【引导问题】

（1）如何建立通讯录的后台数据库？

（2）如何实现数据库数据的访问？

（3）如何实现数据的增删查功能以满足信息管理的需要？

5.2　技术与知识准备

5.2.1　ADO.NET

大部分应用程序都要访问或者保存数据，通常，这些数据都是存储在数据库中的。比如要查询某个学生大学四年的成绩，如果人工查找，要在几千名学生中查询，费时费力，而通过数据库技术，编写相应的 SQL 语句，很快就能查询到相应的数据。

常用的数据库有很多种，比如 SQL、Access 等。为了使客户端能够访问服务器上的数据，就需要用到数据库访问的方法和技术，ADO.NET 就是这种技术之一。

ADO.NET 是.NET Framework 中不可缺少的一部分，它是一组类，通过这些类，.NET 应用程序就可以访问数据库了。ADO.NET 的功能非常强大，它提供了对关系数据库、XML 以及其他数据存储的访问，应用程序可以通过 ADO.NET 连接到这些数据源，对数据进行增删改查。

ADO.NET 提供了两个组件用于访问和处理数据：.NET Framework 数据提供程序和 DataSet（数据集）。

.NET Framework 数据提供程序是专门为数据处理以及快速地修改、访问数据而设计的组件。使用它，可以连接到数据库、执行命令和检索结果，直接对数据库进行操作。

DataSet 是专为独立于任何数据源的数据访问而设计的。使用它，可以不必直接和数据库打交道，可以大批量地操作数据，也可以将数据绑定到控件上。

5.2.2　NET Framework 数据提供程序

数据提供程序是 ADO.NET 的一个组件，它在应用程序和数据源之间起着桥梁的作用，用于从数据源中检索数据并且使对该数据的更改与数据源保持一致。表 5.1 列出了.NET Framework 数据提供程序的 4 个核心对象。

表 5.1 .NET Framework 数据提供程序的 4 个核心对象

对象	说明
Connection	建立与特定数据库的连接
Command	对数据源执行命令
DataReader	对数据源中读取只读的数据流
DataAdapter	用数据源填充 DataSet 并解析更新

不同的命名空间中都有相应的对象，比如要操作 SQL 数据库，需要使用 System.Data.SqlClient 命名空间，SQL 数据提供程序中的类都以 Sql 开头，所以它的 4 个核心对象分别为：SqlConnetion、SqlCommand、SqlDataReader、SqlDataAdapter。本书中都是利用 SQL.NET 数据提供程序来操作数据库的。

5.2.2.1 Connection 对象

Connection 对象的作用主要是建立应用程序和数据库之间的连接。不利用 Connection 对象将数据库打开，是无法从数据库中获取数据的。该对象位于 ADO.NET 的底层，用户可以自己创建这个对象，也可以由其他对象自动产生。

为了能连接数据库，Connection 对象提供了一些属性和方法，见表 5.2 和表 5.3。

表 5.2 Connection 对象的主要属性

属性	说明
ConnectionString	用于连接数据库的连接字符串

表 5.3 Connection 对象的主要方法

方法	说明
Open	使用 ConnectionString 属性所指定的设置打开数据库连接
Close	关闭与数据库的连接

连接数据库一般分为三步。

1. 定义连接字符串

（1）使用 SQL Server 身份验证登录。

Data Source=服务器名；Initial Catalog=数据库名；UserID=用户名；Pwd=密码；

例如：string connString=" Data Source=.;Initial Catalog=MySchool;UserID=sa"

说明：服务器如果是本机，可以输入“.”来代替计算机名称或者 IP 地址。密码如果为空，可以省略 Pwd 一项。

（2）使用 Windows 身份验证。

Data Source=服务器名;Initial Catalog=数据库名;integrated security=true;

例如：string connString=" Data Source=.;Initial Catalog=MySchool;Integrated Security=True";

2. 创建 Connection

SqlConnection conn=new SqlConnection (connString)

3. 打开和关闭数据库的连接

conn.Open(); //打开数据库连接

conn.Close(); //关闭数据库连接

但是有时，例如数据库服务器没有开启，就无法连接到数据库，也可能与数据库的连接突然中断，就不能够访问数据，这时应用程序就会出现意外错误，在程序开发中称为出现了异常。为了让应用程序能够很好地工作，要对那些可能发生的错误进行编码处理，这就是异常处理。.NET 提供了 try…catch…finally 语句块来捕获和处理异常。

语法：

```
try
{
//可能导致异常的代码段
}
catch
{
//异常处理代码段
}
finally
{
//异常处理后要执行的代码段
}
```

说明：

（1）try 块包含可能导致异常的代码段。

（2）catch 块包含异常处理代码段。

（3）finally 块包含异常处理后要执行的代码段，即无论是否发生异常，都将执行的代码段。

4. 执行过程

首先执行 try 块包含的语句，若没有发现异常，则继续执行 finally 块包含的语句，执行完之后跳出 try 结构；若在 try 块包含的语句中发现异常，则立即转向执行 catch 块包含的语句，然后再执行 finally 块包含的语句，执行完后跳出 try 结构。

【示例 5.1】新建一个 Windows 应用程序，取名为 TestDB，从工具箱中拖出一个按钮到窗体上，设置按钮的 text 属性为“测试”，name 属性为 btnTest，界面如图 5.2 所示。双击 Button 按钮，打开代码窗口，在其中编写打开和关闭数据库连接的操作，编写的代码如下：

```
private void btnTest_Click(object sender, EventArgs e)
{
   string connString = "Data Source=.;Initial Catalog=pubs;Integrated Security=True";
   SqlConnection connection = new SqlConnection(connString);
   //打开数据库连接
   connection.Open();
   MessageBox.Show("打开数据库成功");
   //关闭数据库连接
   connection.Close();
   MessageBox.Show("关闭数据库成功");
}
```

下面运行一下，将看到如图 5.2 和图 5.3 所示的结果。

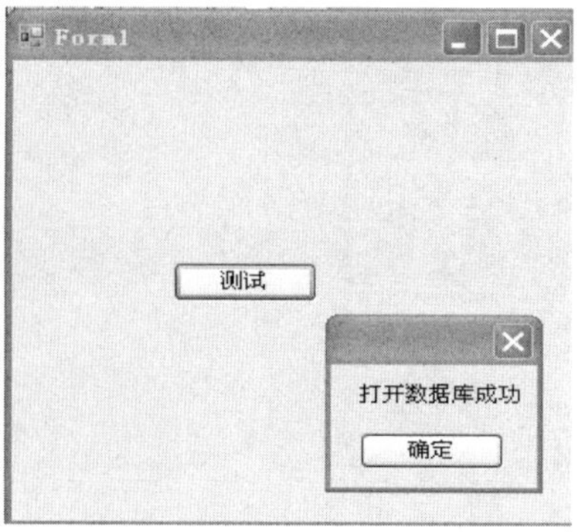

图 5.2　打开数据库成功

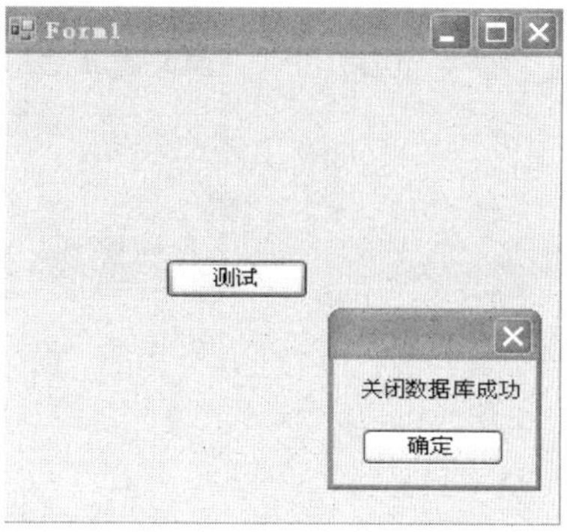

图 5.3　关闭数据库成功

5.2.2.2　Command 对象

同 Connection 对象一样，Command 对象属于.NET Framework 数据提供程序，Command 对象的主要属性和方法见表 5.4。

表 5.4　Command 对象的主要属性和方法

属性	说明
Connection	Command 对象使用的数据库连接
CommandText	执行的 SQL 语句
方法	**说明**
ExecuteNonQuery	执行不返回行的语句，如 UPDATE 等
ExecuteReader	执行查询命令，返回 DataReader 对象
ExecuteScalar	返回单个值，如执行 COUNTA(*)

要使用 Command 对象，分为下列几步：

（1）定义连接字符串（参考前面所学，在此略）。

（2）创建 Connection。

```
SqlConnection connection=new SqlConnection (connString)
```

（3）定义 SQL 语句。

```
sting sql="";
```

（4）创建 Command 对象。

```
SqlCommand command=new SqlCommand（sql,connection）
```

（5）打开数据库连接。

```
connection.Open();
```

（6）执行 sql 语句，即根据需要，调用 command 的某个方法。

（7）关闭数据库连接。

```
connection.Close();
```

【示例 5.2】ExecuteScalar()方法的用法。

工作步骤如下：

【步骤 1】新建一个 Windows 窗体应用程序，取名为 ch05-1。

【步骤 2】拖动两个 Label、两个 TextBox、一个 Button 到窗体上，界面如图 5.4 所示。

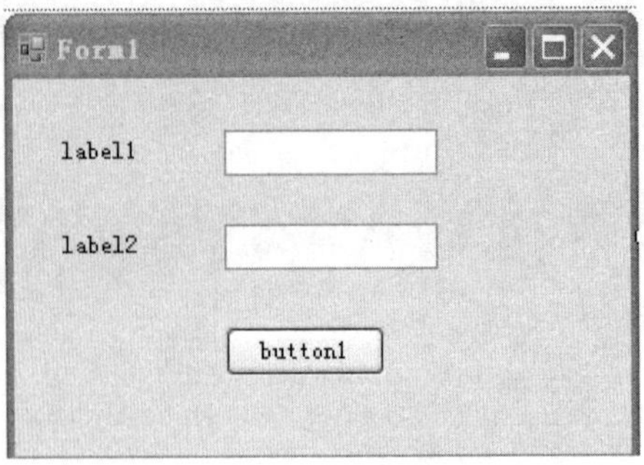

图 5.4　初始界面

【步骤 3】设置属性，如表 5.5 所示。

表 5.5　控件属性设置

控件类型	控件名称	属性	设置结果
Form	Form1	Text	登录
Label	label1	Text	用户名：
Label	label2	Text	密码：
TextBox	textBox1	Name	txtUserName
TextBox	textBox2	Name	txtPwd
		PasswordChar	*
Button	button1	Name	btnLogin
		Text	登录

【步骤 4】属性设置后的界面如图 5.5 所示。

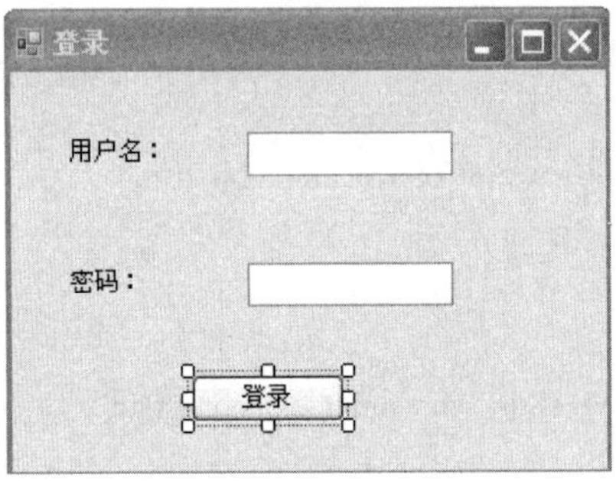

图 5.5　属性设置后界面

【步骤 5】新建数据库 MyHotel，新建数据表 Admin，Admin 表的设计比较简单，只有 YongHuMing、MiMa 两个字段，如图 5.6 所示。

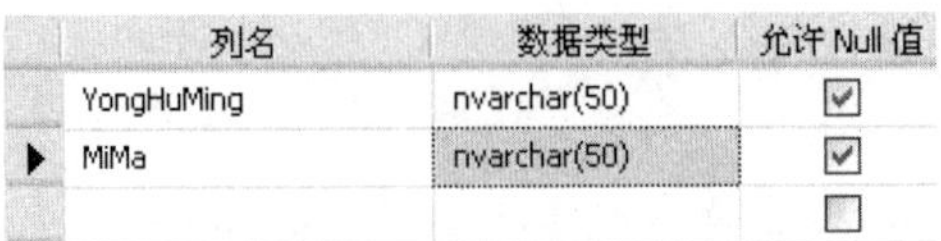

图 5.6　Admin 表

【步骤 6】双击“登录”按钮，打开代码窗口，参考代码如下所示。

```
private void btnLogin_Click(object sender, EventArgs e)
{
  int n = 0;
  string connString = " Data Source=.;Initial Catalog=MyHotel;Integrated Security=True";
  SqlConnection connection = new SqlConnection(connString);
  string sql=string.Format("select count(*) from Admin where YongHuMing='{0}' and MiMa='{1}'",txtUserName.Text.Trim(),txtPwd.Text.Trim());
  SqlCommand command = new SqlCommand(sql, connection);
  try
  { connection.Open();
  n=(int)command.ExecuteScalar();
  }
  catch(Exception ex)
  {
   MessageBox.Show("登录失败，失败原因为：" + ex.Message);
  }
  finally
  {
    connection.Close();
  }
    if (n == 1)
    MessageBox.Show("用户名密码正确！");
    else
    MessageBox.Show("用户名或密码错误！");
 }
```

说明：ExecuteScalar()方法返回的是第一行第一列的值，要注意类型的强制转换。

【步骤 7】运行结果如图 5.7 所示。

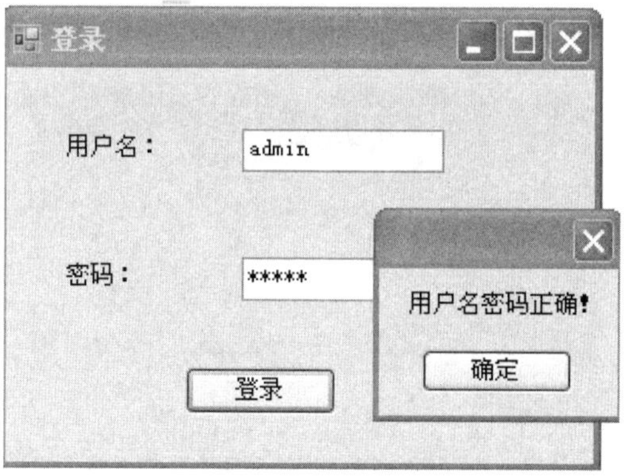

图 5.7　登录运行结果

【示例 5.3】ExecuteReader()方法的示例。

【步骤 1】新建一个 Windows 窗体应用程序，取名为 ch05-3。

【步骤 2】拖动三个 Label、两个 TextBox、一个 ComboBox、一个 Button 到窗体上，界面如图 5.8 所示。

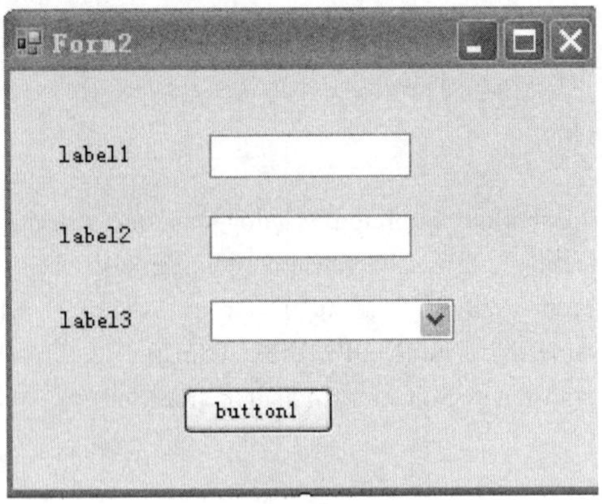

图 5.8　初始界面

【步骤 3】设置属性，如表 5.6 所示。

表 5.6　控件属性设置

控件类型	控件名称	属性	设置结果
Form	Form2	Text	注册
Label	label1	Text	姓名：
Label	label2	Text	年龄：
Label	label3	Text	学历：
TextBox	textBox1	Name	txtUserName
TextBox	textBox2	Name	txtPwd
ComboBox	comboBox1	Name	CboXueLi
Button	button1	Name	btnZhuCe
		Text	注册

【步骤 4】属性设置后的界面如图 5.9 所示。

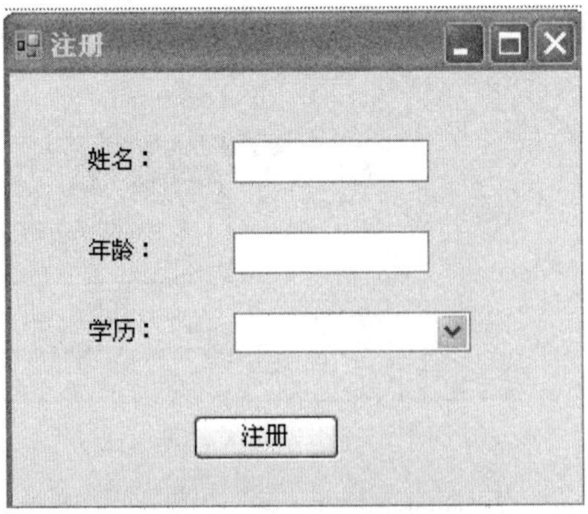

图 5.9　属性设置后的界面

【步骤 5】新建数据库 MyHotel，新建数据表 XueLi 和 Customer，分别如图 5.10 和图 5.11 所示。

	列名	数据类型	允许 Null 值
▶🔑	XueLiID	int	☐
	XueLiName	nvarchar(50)	☑

图 5.10 XueLi 表

	列名	数据类型	允许 Null 值
▶🔑	YongHuMing	nvarchar(50)	☐
	Age	int	☑
	XueLi	nvarchar(50)	☑

图 5.11 Customer 表

【步骤 6】参考代码如下所示。

```
string connString = " Data Source=.;Initial Catalog=MyHotel;Integrated Security=True";
SqlConnection connection = new SqlConnection(connString);
string sql = "select * from XueLi";
SqlCommand command = new SqlCommand(sql, connection);
      try
      { connection .Open();
       SqlDataReader dr=command.ExecuteReader();
       string xueli="";
       while(dr.Read())
       {
         xueli=Convert.ToString(dr["XueLiName"]);
         cboXueLi.Items.Add(xueli);
        }
        dr.Close();
       }
        catch(Exception ex)
        {
          MessageBox.Show("失败，失败原因为：" + ex.Message);
        }
        finally
        {
          connection.Close();
        }
```

说明：使用 DataReader 对象的步骤如下：

（1）创建 Command 对象。

（2）调用 Command 对象的 ExecuteReader()方法创建 DataReader 对象。

例如：SqlDataReader dr=command.ExecuteReader();

（3）使用 DataReader 的 Read()方法逐行读取数据，一般写在 while 循环中。

例如：while(dr.Read());

（4）读取当前行的某列数据。

可以像使用数组一样，用方括号来读取某列的值，如 Convert.ToXXXdr[]，在方括号中，可以使用列的索引，从 0 开始，也可以使用列名。要注意类型的强制转换。

（5）要关闭 DataReader 对象，调用 Close()方法。

例如：dr.Close();

【步骤 7】运行结果如图 5.12 所示。

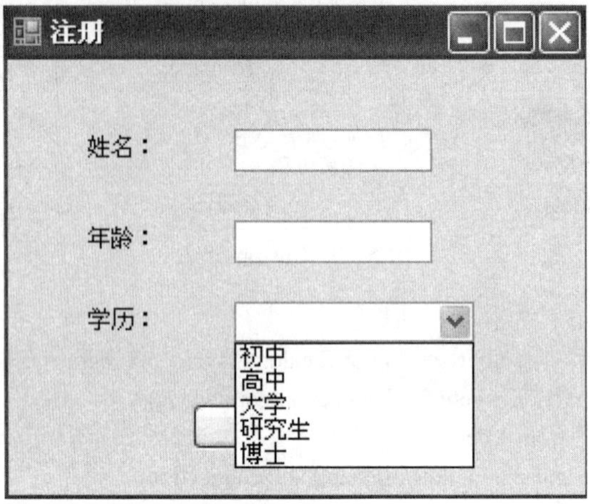

图 5.12　程序运行结果

思考：上述的代码应写在哪儿呢？我们应该看事件发生时，程序应该有什么样的反应。上述例题中，运行该窗体，ComboBox 中就有了相应的数据，所以，代码应该写在窗体的 Load 事件中，方法是：选中该窗体，在“属性”窗口中找到它的 Load 事件，生成 Load 事件的处理方法 Form1_Load()方法，在方法中添加代码。

【示例 5.4】ExecuteNonQuery()方法的示例。

继续来完成示例 5.3 中的注册功能。

双击“注册”按钮，打开代码窗口，参考代码如下。

```
private void btnZhuCe_Click(object sender, EventArgs e)
    {
      int n = 0;
      string connString = " Data Source=.;Initial Catalog=MyHotel;Integrated Security=True";
      SqlConnection connection = new SqlConnection(connString);
      string sql = string.Format("insert into Customer(YongHuMing,Age,XueLi)
      values('{0}','{1}','{2}')",txtUserName.Text.Trim(),txtAge.Text.Trim(),cboXueLi.Text.Trim());
      SqlCommand command = new SqlCommand(sql, connection);
      try
      {
          connection.Open();
          n = command.ExecuteNonQuery();
      }
         catch (Exception ex)
         {
          MessageBox.Show("失败，失败原因为："+ ex.Message);
          }
          finally
          {
```

```
            connection.Close();
        }
        if (n == 1)
        MessageBox.Show("注册成功！");
        else
        MessageBox.Show("注册失败！");
    }
```

运行结果如图 5.13 所示。

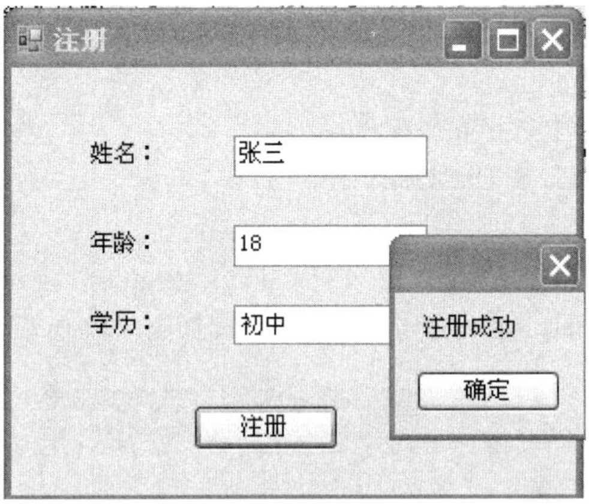

图 5.13　注册运行结果

5.2.3　DataSet

通过前面的学习知道，当应用程序需要查询数据时，可以使用 DataReader 对象来读取数据，DataReader 每次只读取一行数据到内存中，如果要查询 100 条记录，就要从数据库中读 100 次，而且在这个过程中要一直保持和数据库的连接，这就给数据库服务器增加了很大的负担。ADO.NET 提供了 DataSet 对象来解决这个问题。利用数据集，可以在断开与数据库连接的情况下操作数据。

DataSet 相当于一个临时的数据库，它把应用程序需要的数据临时保存在内存中，由于这些数据都缓存在本地机器上，就不需要一直保持和数据库的连接。应用程序需要数据时，就直接从内存的数据集中读数据，也可以对数据集的数据进行修改，然后将修改后的数据一起提交给数据库。

数据集的结构和 SQL 非常相似，数据集中包含多个表，这些表构成了一个数据表集合。数据集是怎样工作的呢？当应用程序需要一些数据的时候，先向数据库服务器发出请求，要求获取数据。服务器将数据发送到数据集，然后再将数据集传递给客户端。客户端应用程序修改数据集中的数据后，统一将修改过的数据集发送到服务器，服务器接受数据集修改数据库中的数据。

5.2.3.1　填充数据集

填充数据集，分以下几步：

（1）定义连接字符串 connString。

（2）创建连接。

```
SqlConnection connection = new SqlConnection(connString);
```

（3）定义 SQL 语句。

说明：数据适配器（DataAdapter）属于.NET 数据提供程序，所以不同类型的数据库需要使用不同的数据适配器，SQL 数据提供程序为 SqlDataAdapter。DataAdapter 就相当于一辆运货车，负责将数据从数据库中取出放在数据集中，应用程序如果修改了数据，DataAdapter 就把数据集中修改后的数据再提交给数据库。

（4）创建 DataAdapter 对象。

```
SqlDataAdapter da = new SqlDataAdapter(sql, connection);
```

（5）创建数据集。

```
DataSet ds = new DataSet();
```

（6）填充数据集。

```
da.Fill(ds, "custom");
```

注意：Custom 为数据集中数据表的名称。

【示例 5.5】填充数据集，在 DataGridView 控件中显示。

工作步骤如下：

【步骤 1】新建一个 Windows 窗体应用程序，取名为 ch05-5。

【步骤 2】拖动一个 DataGridView 到窗体上，界面如图 5.14 所示。

图 5.14 初始界面

【步骤 3】设置属性，如表 5.7 所示。

表 5.7 控件属性设置

<table>
<tr><th>控件类型</th><th>控件名称</th><th>属性</th><th colspan="3">设置结果</th></tr>
<tr><td>Form</td><td>Form1</td><td>Text</td><td colspan="3">客户一览表</td></tr>
<tr><td rowspan="6">DataGridView</td><td rowspan="6">dataGridView1</td><td rowspan="6">Columns</td><td rowspan="2">Column1</td><td>DataPropertyName</td><td>YongHuMing</td></tr>
<tr><td>HeaderText</td><td>姓名</td></tr>
<tr><td rowspan="2">Column2</td><td>DataPropertyName</td><td>Age</td></tr>
<tr><td>HeaderText</td><td>年龄</td></tr>
<tr><td rowspan="2">Column3</td><td>DataPropertyName</td><td>XueLi</td></tr>
<tr><td>HeaderText</td><td>学历</td></tr>
</table>

【步骤 4】属性设置后的界面如图 5.15 所示。

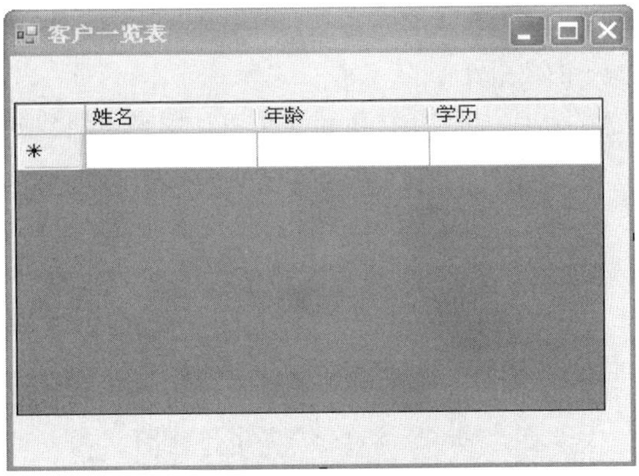

图 5.15　属性设置后的界面

【步骤 5】参考代码如下所示。

```
private void Form1_Load(object sender, EventArgs e)
{
        string connString = "Data Source=.;Initial Catalog=MyHotel;Integrated Security=True";
        SqlConnection connection = new SqlConnection(connString);
        string sql = "select * from Customer";
        SqlDataAdapter da = new SqlDataAdapter(sql, connection);
        DataSet ds = new DataSet();
        da.Fill(ds, "custom");
        dataGridView1.DataSource = ds.Tables["custom"];//custom 为数据集中表的名称
}
```

【步骤 6】运行结果如图 5.16 所示。

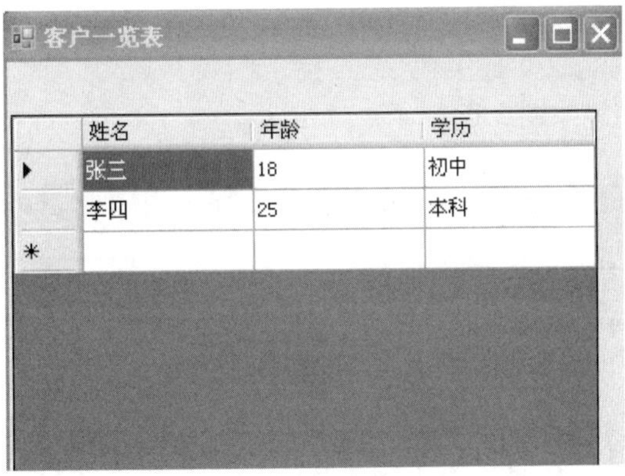

图 5.16　程序运行结果

5.2.3.2　保存数据集中的数据

步骤如下：

（1）使用 SqlCommandBuilder 对象生成更新用的相关命令。

```
SqlCommandBuilder commandbuiler = new SqlCommandBuilder(da);
//da 为已创建的 DataAdapter 对象
```

（2）调用 DataAdapter 对象的 Update()方法。

```
da.Update(ds, "custom");
//ds 为已创建的 DataSet 对象
//custom 为已数据集中的数据表名称
```

【示例 5.6】在示例 5.5 的基础上添加个 Button 按钮，用来更新数据库。

工作步骤如下：

【步骤 1】界面如图 5.17 所示。

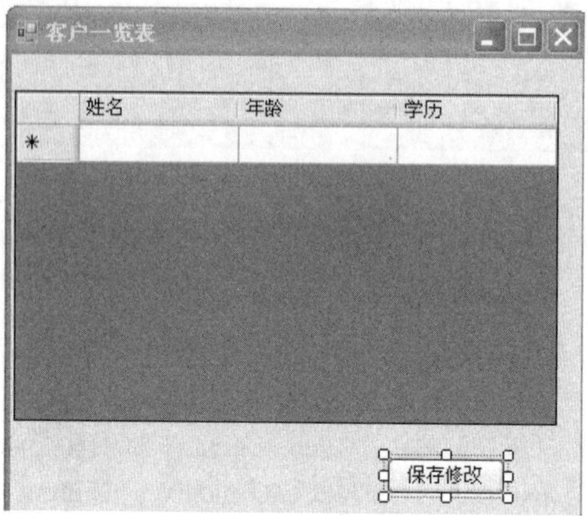

图 5.17　程序界面

【步骤 2】双击“保存修改”按钮，打开代码窗口，参考代码如下所示。

```
DialogResult result = MessageBox.Show("确定要保存修改吗？", "提示操作", MessageBoxButtons.
OKCancel, MessageBoxIcon.Question);
if (result == DialogResult.OK)
{
    SqlCommandBuilder commandbuiler = new SqlCommandBuilder(da);
    da.Update(ds, "custom");
}
```

【步骤 3】程序运行结果如图 5.18 所示。

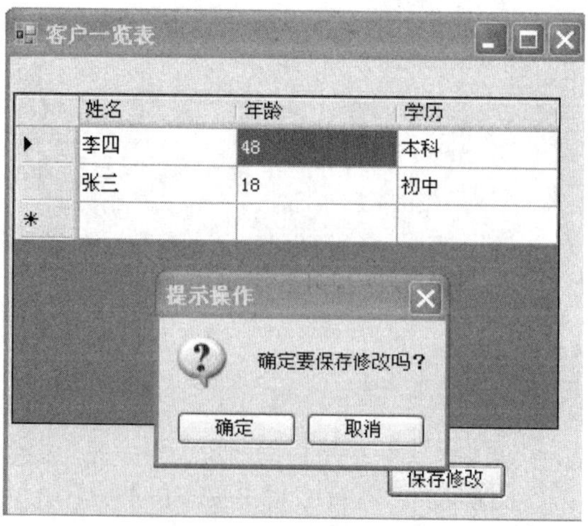

图 5.18　运行结果

5.3 回到工作场景

通过对以上两节内容的学习，已经知道了怎样使用.NET 数据提供程序来对数据库进行增删改查了，学习了数据库连接对象（Connection）、命令对象（Command）、数据读取器对象（DataReader）、数据集（DataSet），现在回到 5.1 节工作场景的任务中来。

分析：分别创建三个窗体——登录窗体、主窗体、学生信息管理窗体，通过语句实现三个窗体之间的跳转。访问数据库，实现数据的增删改查。

【步骤 1】新建一个 Windows 窗体应用程序，取名为 grtxl。

【步骤 2】设计界面，见图 5.1。

技巧：如何同时建立三个窗体呢？新建项目的时候，默认有一个窗体，名为 Form1，右击重命名为 LoginForm，右击 Ch05-6，选择“添加”→“Windows 窗体”，取名为 MainForm，采用同样的方法，再添加一个窗体，取名为 StudentForm。

【步骤 3】使用 SQL Server 2008 新建数据库 grtxl，新建数据库表 txl，如图 5.19 所示。

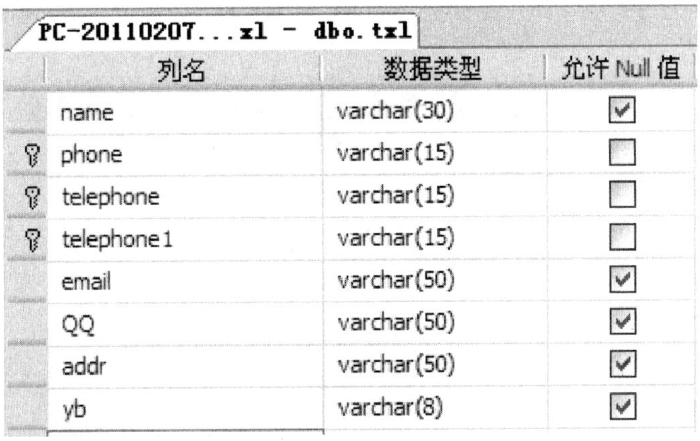

图 5.19　txl 表

【步骤 4】界面设计中的控件属性设置如表 5.8 和图 5.20 所示。

表 5.8　界面控件属性设置

控件类型	控件名称	属性	属性值
Label	label1	Text	姓名
	label2	Text	电话
	label3	Text	手机 1
	label4	Text	手机 2
	label5	Text	邮箱
	label6	Text	QQ
	label7	Text	地址
	label8	Text	邮编

续表

控件类型	控件名称	属性	属性值
TextBox	textBox1	Name	txtName
	textBox2	Name	txtPhone
	textBox3	Name	txtTelePhone1
	textBox4	Name	txtTelePhone2
	textBox5	Name	txtEmail
	textBox6	Name	txtQQ
	textBox7	Name	txtAddr
	textBox8	Name	txtYB
DataGridView	dataGridView1	Name	dataGridView1
Button	button1	Name	btnAdd
	button2	Name	btnSelect
	button3	Name	btnDel

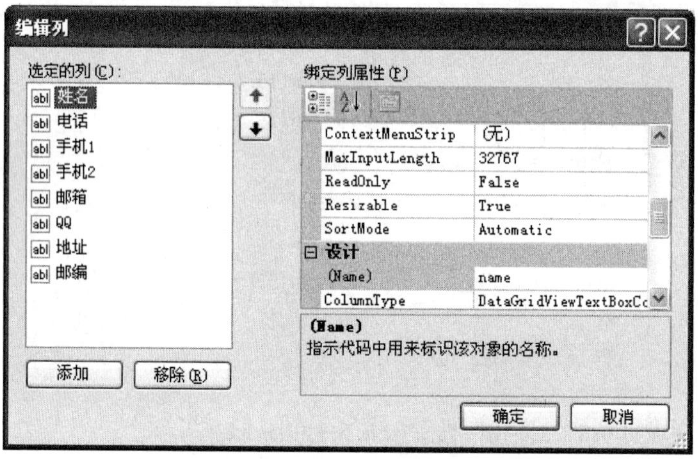

图 5.20 gridView1 编辑列的设置

【步骤 5】参考代码。

（1）连接数据库的公共类 DBhelper 的关键代码。

```
public class DBHelper
{
 //定义数据库连接字符串
 public static string connString ="Data Source=.;Initial Catalog=grtxl;Integrated Security=True";
//创建数据库连接对象
public static SqlConnection connection = new SqlConnection(connString);
}
```

（2）实现通讯录操作的关键代码。

```
string sql = null;
private void refresh()//刷新界面数据
```

```
{
  string sql = "select * from txl";
  try
  {
   SqlDataAdapter da = new SqlDataAdapter(sql, DBHelper.connection);
   DBHelper.connection.Open();
   DataSet ds = new DataSet();
   da.Fill(ds, "txl");
   dataGridView1.AutoGenerateColumns = false;
   dataGridView1.DataSource = ds.Tables["txl"];
  }
  catch (Exception ex)
  {
   MessageBox.Show("出错原因：" + ex.Message);
  }
   finally
  {
   DBHelper.connection.Close();
  }
 }
 private void btnAdd_Click(object sender, EventArgs e)//添加数据
 {
  string sql = string.Format("insert into txl values('{0}','{1}','{2}','{3}','{4}','{5}','{6}','{7}')",
txtName.Text, txtPhone.Text, txtTelePhone1.Text, txttelePhone2.Text, txtEmail.Text, txtQQ.Text,
txtAddr.Text, txtYB.Text);
try
{
 SqlCommand cmd = new SqlCommand(sql, DBHelper.connection);
 DBHelper.connection.Open();
 int i = cmd.ExecuteNonQuery();
 if (i == 1)
  {
   MessageBox.Show("数据录入成功！");
   DBHelper.connection.Close();
   refresh();
   }
   else
   {
    MessageBox.Show("输入数据不完整或不合法！");
    }
   }
   catch (Exception ex)
   {
    MessageBox.Show("出错原因：" + ex.Message);
   }
    finally
```

```
            {
             DBHelper.connection.Close();
            }
        }
        private void btnSelect_Click(object sender, EventArgs e)//查询数据
        {
         if (txtName.Text != null)
         {
          sql = "select * from txl where name like '%" + txtName.Text.Trim() + "%' ";
         }
         try
         {
          DBHelper.connection.Close();
          SqlDataAdapter da = new SqlDataAdapter(sql, DBHelper.connection);
          DBHelper.connection.Open();
          DataSet ds = new DataSet();
          da.Fill(ds, "txl");
          dataGridView1.AutoGenerateColumns = false;
          dataGridView1.DataSource = ds.Tables["txl"];
         }
         catch (Exception ex)
         {
           MessageBox.Show("出错原因：" + ex.Message);
          }
           finally
           {
            DBHelper.connection.Close();
           }
        }
```

5.4 工作训练营

5.4.1 项目训练

1. 训练内容

请编写一个“个人简历”，要求可以通过文本框输入姓名，通过单选按钮设置性别，通过下拉列表框选择文化程度，通过文本区域填写其他个人信息；通过文件对话框选择照片并显示；通过两个下拉列表框来关联选择籍贯。需要开发一个窗体，要求对用户的简历信息进行登记，如图 5.21 所示。该应用程序主要用到按钮、文本输入框、图片显示框、下拉列表框和列表框等控件。

2. 训练目的

掌握 WinForm 窗体设计和简单事件操作，掌握常规控件的使用和设置方法、简单数据的操作方法。

3. 训练过程

【步骤 1】新建一个名为“PersonalResume”的 Windows 应用程序项目。

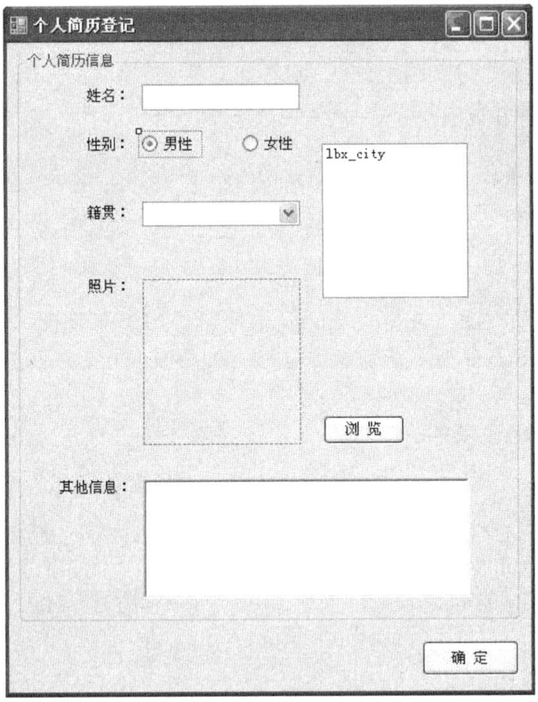

图 5.21　简单个人简历

【步骤 2】设计界面及属性。

设计窗体，方法是添加五个标签控件、一个文本框、两个按钮、两个单选按钮、一个图片显示框、一个下拉列表框和列表框。如表 5.9 所示列出了每个控件的属性。

表 5.9　窗体的控件属性

控件类型	Name 属性	Text 文本	说明
Label	lab_name	姓名：	
Label	lab_sex	性别：	
Label	lab_nativePlace	籍贯：	
Label	lab_photo	照片：	
Label	lab_otherInfo	其他信息：	
TextBox	tbx_name		
RadioButton	rbn_male	男性	
RadioButton	rbn_female	女性	
ComboBox	cbx_province		
ListBox	lbx_city		
PictureBox	pbx_photo		
RichTextBox	rtbx_otherInfo		
Button	btn_browse	浏 览	
Button	btn_OK	确 定	

【步骤 3】关键代码。

（1）在窗体的 Load 事件中编写下列代码。

```
private void PersonInfo_Load(object sender, EventArgs e
{
    cbx_province.Items.Add("浙江省");
    cbx_province.Items.Add("江苏省");
    cbx_province.SelectedIndex = 0;
}
```

（2）在 cbx_province 的 SelectedIndexChanged 事件中编写下列代码。

```
private void cbx_province_SelectedIndexChanged(object sender, EventArgs e)
{
 if (cbx_province.SelectedItem != null)
 {
 string provinceStr = cbx_province.SelectedItem.ToString().Trim();
 string[] zjCitys ={"杭州市","宁波市","温州市","绍兴市","台州市","湖州市","金华市","嘉兴市","衢州
市" ,"丽水市","舟山市"};
 string[] jsCitys ={ "常州市", "淮安市", "连云港市", "南京市", "南通市", "苏州市", "宿迁市", "泰州市",
"无锡市", "徐州市", "盐城市" ,"扬州市","镇江市"};
 lbx_city.Items.Clear();   //清空所有的 Item 项
  switch (provinceStr)
  {
    case "浙江省":
      lbx_city.Items.AddRange(zjCitys);  //添加浙江省的城市
      break;
      case "江苏省":
      lbx_city.Items.AddRange(jsCitys);  //添加江苏省的城市
      break;
      }
    }
}
```

（3）在 btn_browse 的 Click 事件中编写下列代码。

```
private void btn_browse_Click(object sender, EventArgs e)
{
OpenFileDialog imageDialog = new OpenFileDialog();
imageDialog.Filter = "BMP(*.BMP)|*.BMP|JPEG(*.JPEG)|*.JPEG|JPG(*.JPG)|*.JPG|GIF
              (*.GIF)|*.GIF|PNG(*.png)|*.png";
 imageDialog.Title = "选择照片";
  if (imageDialog.ShowDialog() == DialogResult.OK)
  {
    pbx_photo.ImageLocation = imageDialog.FileName;
  }
}
```

（4）在 btn_OK 的 Click 事件中编写下列代码。

```
private void btn_OK_Click(object sender, EventArgs e)
{
```

```
if (tbx_name.Text == "" && tbx_name.Text.Length < 1)
{
MessageBox.Show("请填写姓名！ ", "提示", MessageBoxButtons.OK,
   MessageBoxIcon.Information);
 return;
 }
 if (lbx_city.SelectedItem == null)
 {
MessageBox.Show("请选择籍贯！ ", "提示", MessageBoxButtons.OK,
   MessageBoxIcon.Information);
return;
}
 MessageBox.Show("你的简历信息将会保存到数据库中，\n 以便招聘企业查询！ ", "提示",
MessageBoxButtons.OK, MessageBoxIcon.Information);
 this.Close();
}
```

（5）完整的代码如下：

```
using System;
using System.Collections.Generic;
using System.ComponentModel;
using System.Data;
using System.Drawing;
using System.Text;
using System.Windows.Forms;
namespace PersonalResume
{
public partial class PersonInfo : Form
 {
 public PersonInfo()
 {
    InitializeComponent();
 }
 private void cbx_province_SelectedIndexChanged(object sender, EventArgs e)
 {
    if (cbx_province.SelectedItem != null)
    {
    string provinceStr = cbx_province.SelectedItem.ToString().Trim();
    string[] zjCitys ={"杭州市","宁波市","温州市","绍兴市","台州市","湖州市","金华市","嘉兴市",
"衢州市" ,"丽水市","舟山市"};
string[] jsCitys ={ "常州市", "淮安市", "连云港市", "南京市", "南通市", "苏州市", "宿迁市", "泰州市",
"无锡市", "徐州市", "盐城市" ,"扬州市","镇江市"};
 lbx_city.Items.Clear();   //清空所有的 Item 项
   switch (provinceStr)
   {
   case "浙江省":
   lbx_city.Items.AddRange(zjCitys);  //添加浙江省的城市
```

```
            break;
            case "江苏省":
            lbx_city.Items.AddRange(jsCitys);  //添加江苏省的城市
            break;
            }
           }
   }
    private void btn_browse_Click(object sender, EventArgs e)
    {
       OpenFileDialog imageDialog = new OpenFileDialog();
       imageDialog.Filter =  "BMP(*.BMP)|*.BMP|JPEG(*.JPEG)|*.JPEG|JPG(*.JPG)|*.JPG|GIF(*.GIF)|
*.GIF|PNG(*.png)|*.png";
    imageDialog.Title = "选择照片";
    if (imageDialog.ShowDialog() == DialogResult.OK)
    {
    pbx_photo.ImageLocation = imageDialog.FileName;
    }
    }
    private void btn_OK_Click(object sender, EventArgs e)
    {
     if (tbx_name.Text == "" && tbx_name.Text.Length < 1)
     {
        MessageBox.Show("请填写姓名！", "提示", MessageBoxButtons.OK,  MessageBoxIcon.Information);
      return;
      }
     if (lbx_city.SelectedItem == null)
      {
     MessageBox.Show("请选择籍贯！", "提示", MessageBoxButtons.OK,  MessageBoxIcon.Information);
     return;
     }
    MessageBox.Show("你的简历信息将会保存到数据库中，\n 以便招聘企业查询！", "提示",
  MessageBoxButtons.OK, MessageBoxIcon.Information);
    this.Close();
   }
    private void PersonInfo_Load(object sender, EventArgs e)
    {
    cbx_province.Items.Add("浙江省");
    cbx_province.Items.Add("江苏省");
    cbx_province.SelectedIndex = 0;
    }
   }
   }
```

（6）通过从菜单中选择“生成”→“生成解决方案”命令来生成该解决方案。

（7）通过从菜单中选择“调试”→“开始执行（不调试）”选项来执行此应用程序。

4. 技术要点

熟练掌握数据库的连接及数据的增删改查。

5.4.2 工作实践常见问题解析

【问题 1】不能准确地理顺题目要求，不清楚具体的处理步骤。

【答】借助于程序流程图，将题目的处理过程一一分解，化整为零。

【问题 2】在 ADO.NET 中，DataReader 和 DataSet 都是读取数据，有何区别？

【答】DataReader 是只能一条条读取，在读取的过程中，要始终保持与数据库的连接，DataSet 是批量读取，读取到数据集中。

【问题 3】DataAdapter 是什么含义？

【答】相当于一辆卡车，负责数据库与数据集中数据的传输工作。

【问题 4】Command 的三个方法各自适用于什么场合？

【答】ExecuteScalar()方法返回的是单个值，一般适用于登录场合，ExecuteNonQuery()方法用于增删改，ExecuteReader()方法用于读取数据库中的数据。

小结

本单元介绍了如何建立应用程序、SQL Server 2008 数据库的连接与如何通过应用程序对数据进行添加、删除、修改和查询等操作，主要学习了 ADO.NET 中的对象和方法，一定要再接再厉，下一步学习面向对象的程序设计。

单元六

设计面向对象程序

单元要点

- 类和对象的创建方法
- 字段和属性的声明和使用
- 构造函数的创建
- 方法重载的实现
- 静态成员和实例成员的使用

技能目标

- 学会创建类与对象
- 理解并会编写类的构造函数
- 会实现方法重载
- 能区别静态成员和实例成员

项目载体

- 工作场景项目：超市收银计算器
- 工作训练营项目：工资计算器

6.1 工作场景导入

【工作场景】

小张在大润发超市购物，计划购买任意的两样商品，小张感觉应该编写一个简易的“超市收银计算器”来精确地计算最终商品的总价，为了便于实现，限定购买两样商品，数量不限，请根据图6.1的效果为小张设计一个这样的软件项目。

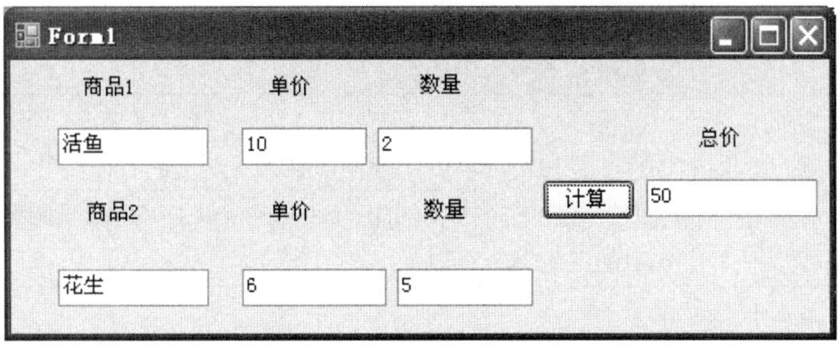

图 6.1　超市收银计算器

【引导问题】

（1）如何创建商品对象来描述商品？

（2）商品应该如何计价？

（3）面向对象的哪些方法可以实现商品的计价和计算？

6.2　技术与知识准备

6.2.1　类、对象和封装

6.2.1.1　类和对象

类是一些内容的抽象表示形式，对象是类所表示内容的真实实例。类和对象有着本质区别，它们之间的关系如下：

（1）由对象归纳为类，是归纳对象共性的过程。

（2）在类的基础上，将状态和行为实体化为对象的过程称为实例化。

6.2.1.2　封装

封装又称为信息隐藏，是面向对象的三大特征之一，指利用类将数据（属性）和方法（行为）结合在一起，使其构成一个不可分割的独立实体，只保留一些对外接口（与将来要学习的interface并不相同，可以理解为公开的方法和属性），使之与外部发生联系。

封装主要带来了如下好处：

（1）保证数据的安全性。

（2）提供清晰的对外接口。

（3）类的内部实现可以任意修改，不影响其他类。

6.2.2　字段和属性

6.2.2.1　字段

字段是与对象或类相关联的变量，用来存储对象状态的值或属性的值，即字段用来存储对象的数据。所有类和字段都具有可访问级别，用来控制能够访问该类和字段的程序代码区域。表6.1列出了这些控制类和字段的可访问性的修饰符及其意义。

表 6.1　类和字段的可访问性修饰符

访问修饰符	意义
public	访问不受限制，可以被任意存取
protected	访问仅限于本类或从本类派生的类
internal	访问仅限于当前程序集，即只可以被本组合体内所有的类存取，组合体是 C#语言中类被组合后的逻辑单位和物理单位，其编译后的文件扩展名往往是“.DLL”或“.EXE”
protected internal	唯一的一种组合限制修饰符，它只可以被本组合体内所有的类和这些类的继承子类（甚至其他程序集中的派生类）存取
private	访问仅限于本类

【示例 6.1】定义一个名为 Vehicle 的公有类，类中定义以下成员：表示汽车车牌号的公有字段成员 no，表示车主的私有字段成员 UserName，以及一个用于显示汽车状态的方法 Run()。利用该类，输入车牌号，显示该车的状态。

关键程序代码如下：

```
public class Vehicle
{
    public string no;                          //定义公有字段成员 no
    private string UserName;                   //定义私有字段成员 UserName
    public void Run()                          //定义方法 Run()
    {
        Console.WriteLine("车牌号为{0}的汽车在滨河路上飞速行驶!",this.no);
    }
}
static void Main(string[] args)
{
    Vehicle vehicle=new Vehicle();             //创建对象 Vehicle
    vehicle.no="苏 ELP888";
    vehicle.Run();
}
```

程序运行结果如图 6.2 所示。

图 6.2　利用字段创建汽车类

结果分析：本例先定义一个名为 Vehicle 的新类，包含字段和方法，然后创建一个类的实例 vehicle，利用控制台应用程序对该实例的 no 字段赋值，并调用 Run()方法输出汽车状态。

注意：

（1）UserName 为 Vehicle 类的私有字段成员，对象 vehicle 不能直接访问。

（2）创建类的对象使用 new 关键字。

6.2.2.2 属性

一般情况下，不提倡将字段的访问级别直接设为 public，这样用户可以随意访问该字段。也不提倡设为 private，这样用户就无法访问字段。在很多情况下，既考虑安全问题，又考虑可访问性，需要把字段对外封装起来，通过属性来访问这些字段。

属性是字段的自然扩展，两者都具有关联类型的命名成员，而且访问字段和属性的语法是相同的。然而，属性与字段不同，属性不表示存储位置。相反，属性有访问器，这些访问器指定在它们的值被读取或写入时需执行的语句。Visual C# 2010 的属性成员一般具有 get 和 set 两种访问器。读取属性时，执行 get 访问器的代码块；向属性分配新值时，执行 set 访问器的代码块。同时包含 get 访问器和 set 访问器的属性称为可读写属性，只具有 get 访问器的属性称为只读属性，只具有 set 访问器的属性称为只写属性。

定义属性的一般语法形式如下所示，这里定义的属性名为 Color：

```
public string Color
{
    get{ //获得属性的代码 }
    set{ //设置属性的代码 }
}
```

【示例 6.2】改写示例 6.1，在 Vehicle 类中，用属性声明改进字段定义，并在 Main()方法中使用属性。

关键程序代码如下。

```
public class Vehicle
{
    private string no;
    public string No
    {
        get { return no; }
        set { no = value; }
    }
    private string userName;
    public string UserName
    {
        get { return userName; }
        set { userName = value; }
    }
    public void Run()
    {
        Console.WriteLine("车牌号为{0}的汽车在滨河路上飞速行驶!",this.no);
    }
}
static void Main(string[] args)
{
    Vehicle vehicle=new Vehicle();
    vehicle.No="苏 ELP888";                //调用 set 访问器
    vehicle.UserName="周欣";               //调用 set 访问器
    vehicle.Run();
```

```
        Console.WriteLine("此车车主是" + vehicle.UserName+"!"); //调用 get 访问器
        Console.ReadLine();
    }
```

程序运行结果如图 6.3 所示。

图 6.3　使用属性创建汽车类

结果分析：本例改写自示例 6.1，在 Vehicle 类中声明属性，设置读访问器用于返回私有字段的值，设置写访问器修改私有字段的值。并在 Main()方法中通过对象名访问属性，调用 set 访问器进行赋值，调用 get 访问器输出数据，使用更安全、更灵活。

【示例 6.3】通过属性将小时转化为秒并输出。

程序代码如下。

```
    Class TimePeriod
    {
        private int seconds;
        public int Seconds
        {
            get{ return seconds; }
            set{ seconds=value; }
        }
        public int Hours
        {
            get{ return seconds; }
            set{ seconds=value*3600; }
        }
    }
    static void Main(string[] args)
    {
        TimePeriod t=new TimePeriod();
        t.Hours=24;                                  //调用 set 访问器
        Console.WriteLine("共有"+t.Hours+"秒");       //调用 get 访问器
    }
```

程序运行结果如图 6.4 所示。

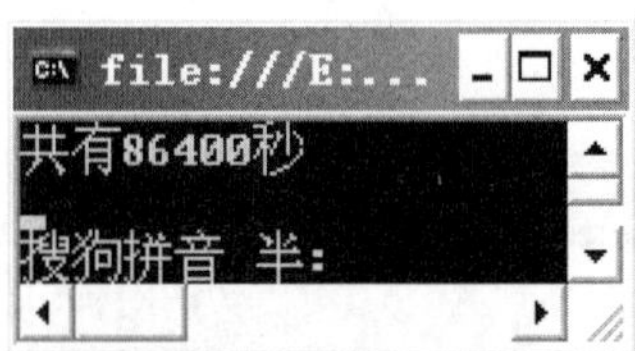

图 6.4　通过属性将小时转化为秒

结果分析：本例声明属性 Hours，将 get 访问器用于返回私有字段 seconds 的值，set 访问器通过计算更新 seconds 的值，通过对象 t 访问 Hours 属性，执行 set 程序块，最后通过 t.Hours 调用 get 访问器读取数据值。

注意：

（1）可以通过快捷键 Ctrl+R+E 将私有字段封装为公有属性。

（2）若属性只有 get 访问器，无 set 访问器，则不可对属性赋值。如上例 Hours 属性中只存在此段代码：get{ return seconds; }，则不可通过“t.Hours=24;”这样的方式给属性赋值。

（3）属性没有存储位置，必须用一个字段来存储属性值，但这并不意味着必须为每个属性声明一个字段。当类中包含几个在逻辑上相关的属性时，可以在声明这几个属性时，只声明一个字段。例如，在 TimePeriod 类中，Seconds 属性和 Hours 属性是相关的，Seconds 的值是 Hours 的值的 3600 倍，因此可以只声明一个字段 seconds。

6.2.3 构造函数

6.2.3.1 构造函数概述

示例 6.3 的部分代码：

```
static void Main(string[] args)
{
    TimePeriod t=new TimePeriod();
    t.Hours=24;
    Console.WriteLine("共有"+t.Hours+"秒");
}
```

我们知道要使用类的属性和方法来完成程序功能，首要任务是将类进行实例化。在示例 6.3 中通过 TimePeriod t=new TimePeriod()产生时间对象，这种产生类实例的方法称为构造函数。

构造函数是类中的一种特殊方法，有以下特点：

（1）它的方法名和类名相同。

（2）没有返回类型，但可以带有参数。

（3）主要作用是完成对象的初始化工作。

6.2.3.2 无参构造函数

默认情况下，系统将会给类分配一个无参数的构造函数，并且没有方法体。可以自己编写无参构造函数，在方法体中对类的属性进行赋值。

【示例 6.4】无参构造函数，设置属性初始值。

程序代码如下。

```
public class Vehicle
{
    public Vehicle()
    {
        this.No="苏 ELP888";
        this.UserName="周欣";
    }
    //......
}
```

```
static void Main(string[] args)
{
    Vehicle vehicle=new Vehicle();
    vehicle.Run();
    Console.WriteLine("此车车主是" + vehicle.UserName+"!");
    Console.ReadLine();
}
```

程序运行结果如图 6.5 所示。

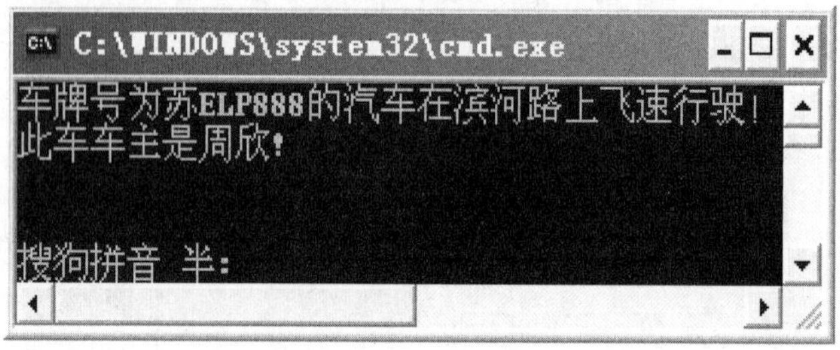

图 6.5　无参构造函数

结果分析：示例 6.4 在无参构造函数中给属性赋予默认值，有两个明显缺点：对象实例化后的属性值是固定的；为满足对象多样化的需求不得不重新给属性赋值。

一般来讲，给方法设置参数可以调整方法的行为，使方法功能多样化。比如 public int add(int a,int b)这个方法，可以接收两个整型的参数，因此，能给它传递任何整型值以满足不同的需要。同样，构造函数也可以接收参数，用这些参数给属性赋值。

6.2.3.3　带参构造函数

语法：

```
public 类名(参数列表)
{
//……方法体
}
```

参数列表一般用来给类的属性赋值。下面以 Vehicle 对象的初始化为例来说明带参构造函数的用法。

【示例 6.5】 带参构造函数。

程序代码如下。

```
public class Vehicle
{
    public Vehicle(string no,string username)
    {
        this.No=no;
        this.UserName=username;
    }
    //......
}
static void Main(string[] args)
```

```
{
    Vehicle vehicle=new Vehicle("京 K00001","艾杰");
    vehicle.Run();
    Console.WriteLine("此车车主是" + vehicle.UserName+"!");
    Console.ReadLine();
}
```

程序运行结果如图 6.6 所示。

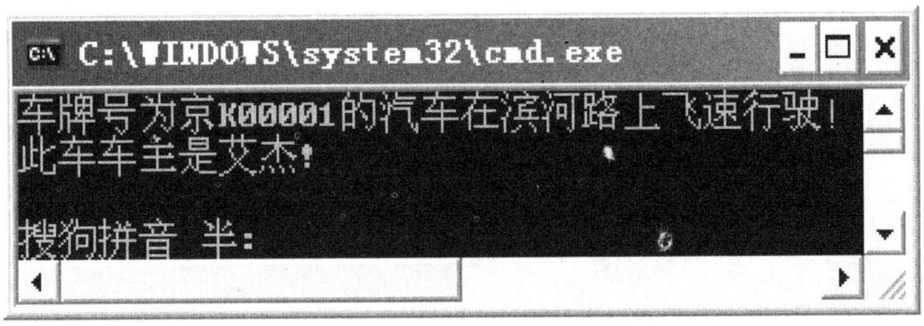

图 6.6　带参构造函数

结果分析：创建 Vehicle 对象时通过 new 关键字调用带参构造函数，传递参数实现给类的属性赋值，灵活性更好，避免了像示例 6.4 那种给众多属性赋值带来的麻烦。

注意：

（1）void 修饰的方法表示返回类型为空，并不代表没有返回类型，因为构造函数没有返回类型，所以不能将构造函数定义为 void。

（2）调用带参构造函数一定要使传入的参数和参数列表相对应。

6.2.3.4　隐式构造函数

【示例 6.6】Vehicle 类中现在只有一个带参构造函数，现在要创建两个 Vehicle 对象：一个无参数，一个有参数。

程序代码如下。

```
public class Vehicle
{
    //带参构造函数
    public Vehicle(string no,string username)
    {
        this.No=no;
        this.UserName=username;
    }
    //车牌号
    private string no;
    public string No
    {
        get { return no; }
        set { no = value; }
    }
    //......
}
static void Main(string[] args)
```

```
    {
        Vehicle vehicle=new Vehicle("京 K00001","艾杰");
        vehicle.Run();
        Console.WriteLine("此车车主是" + vehicle.UserName+"!");
        Vehicle car=new Vehicle();
        car.No="苏 K00002";
        car.UserName="编程";
        Console.ReadLine();
    }
```

程序运行结果如图 6.7 所示。

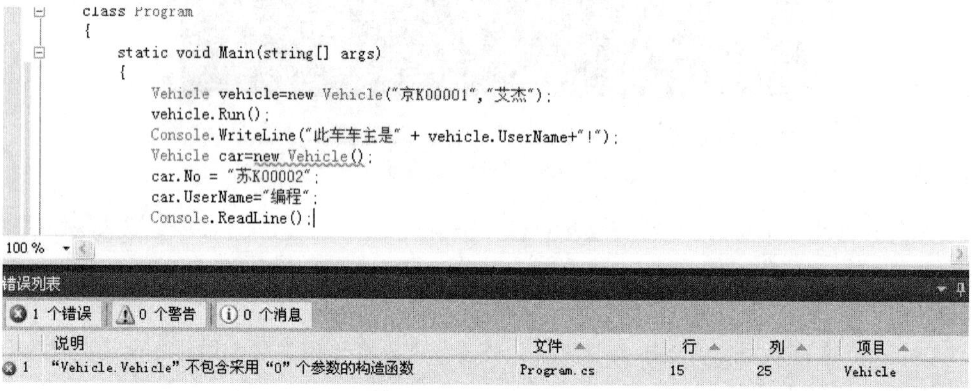

图 6.7　构造函数调用出错

结果分析：编译器显示“Vehicle 不包含采用 0 个参数的构造函数”，也就是说 Vehicle 类缺一个无参构造函数。在讲无参构造函数时讲过，当不给类编写构造函数时，系统将自动给类分配一个无参的构造函数，叫做隐式构造函数。C#有一个规定，一旦类有了构造函数，就不再自动分配构造函数，因此示例 6.6 才会报错。

注意：一般情况下构造函数的访问修饰符是 public，不过 C#中也有私有构造函数，将在讲解设计模式时介绍。

6.2.4　方法重载

6.2.4.1　构造函数的重载

要解决示例 6.6 中的问题，只需要给 Vehicle 类再添加一个无参的构造函数就可以了。此时 Vehicle 类的结构如下：

```
public class Vehicle
{
    //带参构造函数
    public Vehicle(string no,string username)
    {
        this.No=no;
        this.UserName=username;
    }
    //无参构造函数
```

```
    public Vehicle(){}
    //车牌号
    private string no;
    public string No
    {
        get { return no; }
        set { no = value; }
    }
    //......
}
```

从这段程序可以明显看出，现在 Vehicle 类有两个名字相同但参数个数不同的构造函数。很显然多个构造函数提供了多种实例化一个类的方式，这种方式称为方法重载。构造函数的重载是方法重载的一种特殊方式。

6.2.4.2　方法重载

方法重载表示在同一个类中，两个或两个以上的方法具有相同的名称，但具有不同的参数列表（包括参数类型和参数个数），调用时根据不同的参数列表来识别。

例如前面介绍控制台应用程序时介绍的 Console 类中的 WriteLine()方法，具有 19 个不同的版本，也就是说 WriteLine()方法被重载了。WriteLine()方法的每个版本都具有一套不同的参数，编译器根据不同的参数调用相应的 WriteLine()方法。

【示例 6.7】用函数重载的方法实现两个数或三个数的相加。

程序代码如下：

```
public class MyClass
{
    public int AddValues(int x,int y)
    {
        return x+y;
    }
    public int AddValues(int x,int y,int z)
    {
        return x+y+z;
    }
    public double AddValues(double x,int y)
    {
        return x+y;
    }
}
static void Main(string[] args)
{
    MyClass add=new MyClass();//创建对象
    int a,b;
    double c;
    a=add.AddValues(2,3);
    b=add.AddValues(2,3,4);
    c=add.AddValues(2.3,18);
```

```
            Console.WriteLine("a={0},b={1},c={2}",a,b,c);
            Console.ReadLine();
        }
```

程序运行结果如图 6.8 所示。

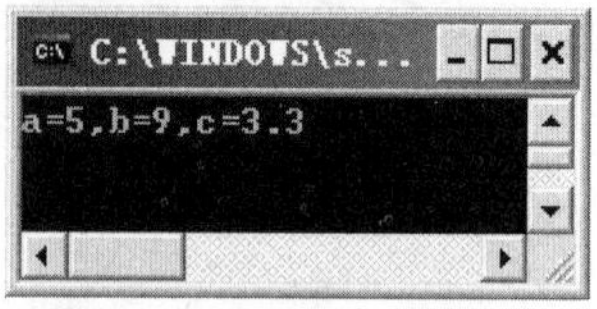

图 6.8　用重载实现两个数或三个数的相加

结果分析：在上述代码中一共调用了三次 AddValues()方法，调用时的实际参数个数或参数的数据类型各不相同。第一次调用的方法头为“public int AddValues(int x,int y)”，第二次调用的方法头为“public int AddValues(int x,int y,int z)”，第三次调用的方法头为“public double AddValues(double x,int y)”。

注意：仅仅名字相同，但返回类型不同的方法不是重载方法，不能存在于同一个类中。

6.2.5　静态成员

6.2.5.1　静态成员的定义和应用

在前面 ADO.NET 操作数据库的学习中，我们经常创建 DBHelper 类，用这个类的对象去建立和关闭数据库。代码如下所示：

```
public class DBHelper
{
    private string connString="";
    //获得数据库连接
    public SqlConnection GetConnection()
    {
        SqlConnection connection=new SqlConnection(connString);
        return connection;
    }
    //关闭数据库连接
    public void CloseConnection(SqlConnection connection)
    {
        connection.Close();
    }
}
```

由于对数据库的操作非常频繁，于是 DBHelper 对象经常被创建调用。实际上 DBHelper 对于整个项目中的其他类来说是共享的。C#提供了静态（static）成员来满足这一要求。

1. 静态成员的定义

定义类中静态成员的语法如下：

```
class 类名
{
    public static 数据类型 变量名;
    public static 返回值 方法名(参数列表)
```

```
    {
        //方法体;
    }
}
```

定义中展示了静态成员的两种形式：静态成员变量和静态成员方法，即类中的变量和方法都可以声明为静态的。静态成员是一种特殊的成员，它不属于类的某一个具体的实例，不能用类的实例来调用，只能通过类名用点（.）运算符进行访问或调用，语法如下。

```
类名.变量名; //访问静态变量
类名.方法名; //调用静态方法
```

2．静态成员的应用

明确了静态成员的定义，就可以把 DBHelper 的成员声明为静态的，代码如下所示。

```
public class DBHelper
{
    private string connString="";
    //获得数据库连接
    public static SqlConnection GetConnection()
    {
        SqlConnection connection=new SqlConnection(connString);
        return connection;
    }
    //关闭数据库连接
    public static void CloseConnection(SqlConnection connection)
    {
        connection.Close();
    }
}
```

把 GetConnection()和 CloseConnection 声明为静态后，就可以直接用类名调用它们。静态成员通常适用于一些不会经常变化而又操作频繁的数据，比如获取数据库连接，网站的某些配置信息等。这些内容经过一次获取，以后就可以方便地使用了，同时也节约了资源。

例如：

```
DBHelper.GetConnection();
```

注意：

（1）类的静态成员只能用类名来访问。

（2）静态方法中若要直接调用某个方法，那个方法只能是静态的。

6.2.5.2 静态方法和实例方法

静态方法需要用类名来访问，反过来，用类的实例来访问的方法称之为实例方法。静态方法和实例方法的区别如表 6.2 所示。

表 6.2 静态方法和实例方法的区别

静态方法	实例方法
需要 static 关键字	不需要 static 关键字
类名调用	实例对象调用

续表

静态方法	实例方法
可以访问静态成员	可以直接访问静态成员
不可以直接访问实例成员	可以直接访问实例成员
不能直接调用实例方法	可以直接调用实例方法和静态方法
调用前初始化	实例化对象时初始化

6.3 回到工作场景

通过 6.2 节的学习，应该掌握了类的创建方法，如何编写构造函数，如何实现方法重载以及静态成员的使用。下面将回到 6.1 节中介绍的工作场景中，完成工作项目。

【步骤 1】新建一个 Windows 窗体应用程序，取名为 sumprice。

【步骤 2】创建一个类 price，包含 sumprice 方法。

【步骤 3】编写类 price。

```
public class price
{
    private int price1;
    public int Price1
    {
        get { return price1; }
        set { price1 = value; }
    }
    private int price2;
    public int Price2
    {
        get { return price2; }
        set { price2 = value; }
    }
    private int num1;
    public int Num1
    {
        get { return num1; }
        set { num1 = value; }
    }
    private int num2;
    public int Num2
    {
        get { return num2; }
        set { num2 = value; }
    }
    private int sumPrice;
    public int SumPrice
    {
```

```
            get { return sumPrice; }
            set { sumPrice = value; }
        }
        public int sumprice()
        {
            int sum;
            sum = Price1 * Num1 + Price2 * Num2;
            return sum;
        }
    }
```

【步骤 4】设计如图 6.1 所示的界面，控件的属性设置如表 6.3 所示。

表 6.3　界面控件设置

控件类型	控件名称	属性	属性值
Label	Label1	Text	商品 1
	Label2	Text	单价
	Label3	Text	数量
	Label4	Text	商品 2
	Label5	Text	单价
	Label6	Text	数量
	Label7	Text	总价
TextBox	TextBox1	Name	txtSp1
	TextBox2	Name	txtP1
	TextBox3	Name	txtNum1
	TextBox4	Name	txtSp2
	TextBox5	Name	txtSp2
	TextBox6	Name	txtNum2
	TextBox7	Name	txtSumPrice
Button	Button1	Name	btnCal

【步骤 5】主界面的关键代码。

```
private void btnCal_Click(object sender, EventArgs e)
{
    if (txtNum1.Text != null || txtNum2.Text != null || txtP1.Text != null || txtP2.Text != null)
    {
     price jisuan = new price();
     jisuan.Price1 = Convert.ToInt32(txtP1.Text);
     jisuan.Price2 = Convert.ToInt32(txtP2.Text);
     jisuan.Num1=Convert.ToInt32(txtNum1.Text);
     jisuan.Num2 = Convert.ToInt32(txtNum2.Text);
     txtSumPrice.Text = jisuan.sumprice().ToString();
     }
}
```

6.4 工作训练营

6.4.1 项目训练

1. 训练内容

设计一个工资计算器，其中工资多于1600元且少于或等于5000元的需要扣5%的个人所得税，工资多于5000元的扣10%的个人所得税。设计应用程序，输入员工的姓名和工资，输出计税后的工资。运行效果如图6.9所示。

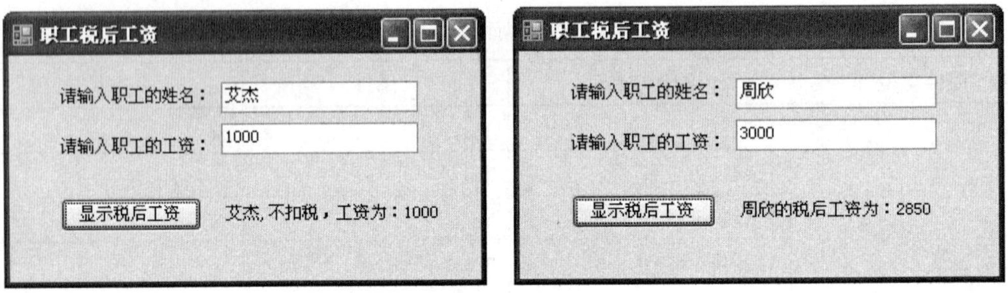

图6.9 职工税后工资计算结果

2. 训练目的

掌握面向对象思想，学会类的创建、字段和属性的定义、方法的编写；学会对象的创建及成员的访问。

3. 训练过程

【步骤1】新建一个名为“Office”的Windows应用程序。

【步骤2】添加一个职工类Employee，定义字段name和pay，属性Pay以及用于返回扣税后工资的方法ShowPay()。关键代码如下。

```
class Employee
{
    public string name;
    private float pay;

    public float Pay
    {
        get { return pay; }
        set { pay = value; }
    }
    public float ShowPay()
    {
        if (pay <= 1600)
            return pay;
        else if (pay > 1600 && pay <= 5000)
        {
            return pay * 95 / 100;
```

```
        }
        else
        {
            return pay * 90 / 100;
        }
    }
```

【步骤 3】设计程序界面，如图 6.10 所示。

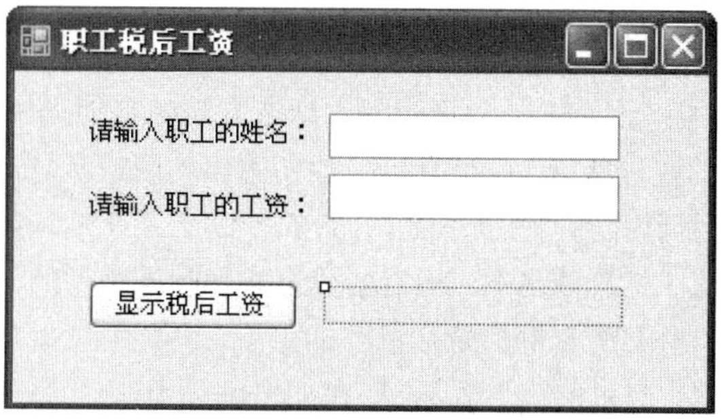

图 6.10　程序界面

【步骤 4】编写“显示税后工资”按钮的单击事件。关键代码如下：

```
private void button1_Click(object sender, EventArgs e)
{
    string name;
    float pay;
    name = txtName.Text;
    pay = float.Parse(txtPay.Text);
    Employee employee = new Employee();
    employee.name = name;
      employee.Pay = pay;
      if (pay <= 1600)
      {
       lblShowPay.Text = employee.name + ",不扣税工资为： " + employee.ShowPay().ToString();
       }
       else
       {
       lblShowPay.Text = employee.name + "的税后工资为： " + employee.ShowPay().ToString();
       }
}
```

4. 技术要点

类和对象的创建；方法的编写。

6.4.2　工作实践常见问题解析

【问题 1】构造函数没有返回类型，是不是可以定义为 void？

【答】void 修饰的方法表示返回类型为空，并不代表没有返回类型，所以不能将构造函数定义为 void。

【问题 2】通过静态方法返回的对象，是不是也是静态的？

【答】不是，返回对象的类型只和这个对象的类型定义有关，并不会因为调用它的方法是静态的而变成静态对象。

【问题 3】在访问对象成员时，为什么经常会出现访问不到的现象？

【答】未将类中的字段定义为公有的或属性缺少 get 访问器。

小结

C#中类的静态成员只能由该类的类名来访问，静态方法中只能调用静态成员；带参数的构造函数提供了初始化对象时的多种选择，可以有选择地初始化相应的属性；如果没有给类添加构造函数，系统在初始化对象时会调用隐式构造函数，并给属性赋予系统默认值；构造函数通常与类名相同，构造函数不声明返回值，一般情况下，构造函数总是 public 类型的。根据普遍的经验，在做开发时，一般不在构造函数中对类的实例初始化以外的事情，不要尝试显式地调用构造函数；方法重载是指方法名相同，而参数类型和参数个数不同。在同一个类中，构造函数和普通方法都可以重载。

单元七

使用集合开发程序

单元要点

- 集合的概念和操作方法
- 泛型集合的应用方法

技能目标

- 能使用集合访问数据和操作数据
- 会使用泛型集合操作数据

项目载体

- 工作场景项目：超市商品管理系统
- 工作训练营项目：员工模糊查询

7.1 工作场景导入

【工作场景】

又到年底了，家家户户忙着采购年货，大润发超市的商品供不应求，目前库存的脑白金仅剩10盒，五粮液只有5瓶，金龙火腿仅存6只，这些商品急需补货，另外还需采购一些其他物品，试利用泛型集合 Dictionary<k,v>的方法设计一个简易版的“超市商品管理系统”，实现库存商品的显示、添加、删除、统计等功能。系统参考主界面如图7.1所示。

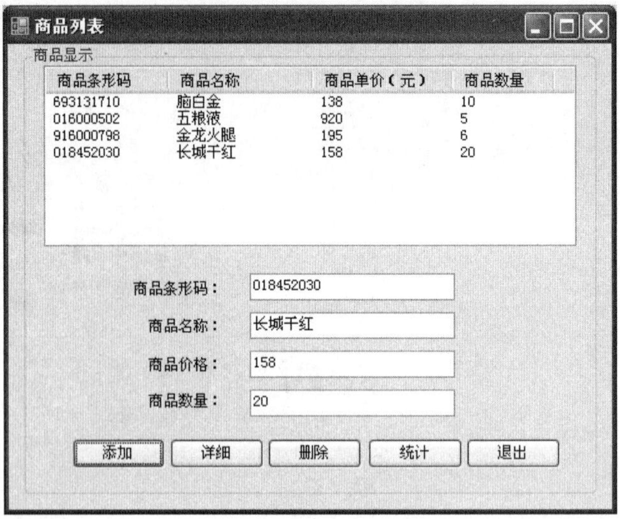

图 7.1　商品列表主窗体

【引导问题】

（1）如何使用 ArrayList 存储和操作数据？

（2）如何使用 HashTable 存储和操作数据？

（3）泛型集合 List<T>的数据操作方法及与 ArrayList 的区别？

（4）泛型集合 Dictionary<k,v>的数据操作方法及与 HashTable 的区别？

7.2　技术与知识准备

7.2.1　集合

7.2.1.1　集合概述

在前面学习了数组。数组是一组具有相同数据类型的数据的集合，在程序中可以用于存储数据。但是数组有一个缺点，即当其中的元素完成初始化后，要在程序中动态地给数组添加、删除某个元素是很困难的，存在局限性。如何解决这个问题呢？.NET 提供了各种集合类，比如 ArrayList 和 Hashtable，它们都位于 System.Collections 命名空间及其子命名空间中，都可以很好地进行元素的动态添加、删除操作。

7.2.1.2　ArrayList

ArrayList 类似于数组，也有人称它为数组列表，ArrayList 可以直观地动态维护，它的容量可以根据需要自动扩充，它的索引会根据程序的扩展而重新进行分配和调整。ArrayList 提供一系列方法对其中的元素进行访问、新增和删除元素的操作。

下面的代码可以定义一个 ArrayList，需要注意的是 ArrayList 是动态可维护的，因此定义时既可以不指定容量，也可以指定容量。

```
using System.Collection;
//创建 ArrayList 对象
ArrayList students=new ArrayList();
ArrayList teachers=new ArrayList(5);
```

1. 给 ArrayList 添加数据

ArrayList 通过 Add 方法添加元素。

语法：

```
public int Add(object value)
```

（1）含义：该方法将对象添加到 ArrayList 集合的末尾处。

（2）返回值：值是一个 int 整型，用于返回所添加的元素的索引。

（3）参数：如果向 ArrayList 中添加的元素是值类型，这些元素都会被转换为 object 引用类型然后保存。所以 ArrayList 中的所有元素都是对象的引用。

【示例 7.1】创建一个电话本，使用 ArrayList 存储电话信息，每个人的姓名和电话作为一个整体存储。

程序代码如下：

```
public class TelNote
{
    private string name;
    public string Name
    {
        get { return name; }
        set { name = value; }
    }
    private string number;
    public string Number
    {
        get { return number; }
        set { Number = value; }
    }
}
private void button1_Click(object sender, EventArgs e)
{
        //创建三个 TelNote 对象
         ArrayList telNote = new ArrayList();
         TelNote tel1= new TelNote();
         tel1.Name = "范跑跑";
         tel1.Number = "81161234";
         TelNote tel2 = new TelNote();
         tel2.Name = "郭美美";
         tel2.Number = "62337878";
         TelNote tel3 = new TelNote();
         tel3.Name = "蔡跳跳";
         tel3.Number = "56781112";
         //将信息添加到 ArrayList 中
         telNote.Add(tel1);
         telNote.Add(tel2);
         telNote.Add(tel3);
         //打印集合中元素的数量
```

```
            MessageBox.Show(string.Format("电话本中共有{0}条记录", telNote.Count));
    }
```

程序运行结果如图 7.2 所示。

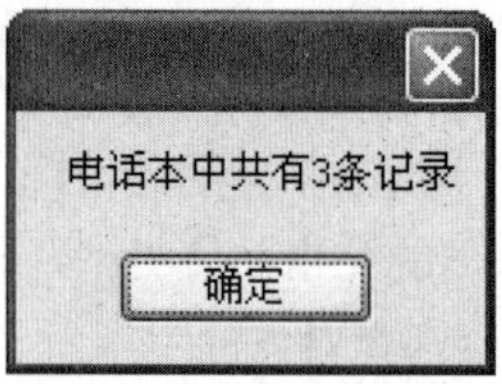

图 7.2　添加的电话数量

分析：创建一个 Windows 应用程序，添加一个窗体和一个“确定”按钮，建立一个电话本类 TelNote，此类只包括电话本中的姓名和电话号码，在“确定”按钮的单击事件中创建两个 TelNote 对象，通过 Add 方法将信息添加到 ArrayList 中，添加后验证是否添加成功，并通过 ArrayList 的属性 Count 显示集合中元素的数目。

2. 访问 ArrayList 中的单个元素

ArrayList 获取一个元素的方法和数组是一样的，也是通过索引（index）类访问，ArrayList 中第一个元素的索引是 0。需要注意的是，给 ArrayList 添加的元素都会被转换为 Object 型，所以在访问这些元素的时候必须把它们转换回原来的数据类型。

【示例 7.2】访问电话本中的记录信息。

程序代码如下：

```
private void button1_Click(object sender, EventArgs e)
{
    TelNote note1=(TelNote)telNote[0];
    TelNote note2=(TelNote)telNote[1];
    MessageBox.Show(string.Format("{0}的电话是{1}", note1.Name,note1.Number));
}
```

程序运行结果如图 7.3 所示。

图 7.3　从 ArrayList 中访问 TelNote 对象

分析：获取第一个元素的索引是 0，需要做类型转换，调用 get 访问器输出元素的属性值。

3. 遍历 ArrayList 中的元素

通过 for 循环或采用 foreach 方式遍历。继续用前面示例中建立的电话本（TelNote）ArrayList，遍历它的所有元素。

【示例 7.3】访问电话本中的记录信息。

程序代码如下：

```
//for 循环遍历
```

```
for(int i=0;i<telNote.Count;i++)
{
TelNote noteFor=(TelNote)telNote[i];
Console.WriteLine(noteFor.Name+"的电话号码是"+noteFor.Number);
}
//foreach 遍历
foreach(object obj in telNote)
{
TelNote noteForeach=(TelNote)obj;
Console.WriteLine(noteForeach.Name+"的电话号码是"+noteForeach.Number);
}
```

程序运行结果如图 7.4 所示。

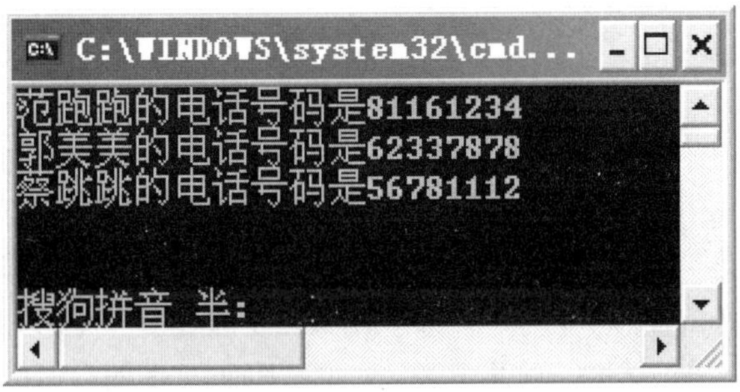

图 7.4 遍历 ArrayList 中的所有 TelNote 对象

分析：两种循环方式输出的结果是一样的，只是访问方式不同。for 循环通过索引来访问元素，foreach 循环通过对象（Object）访问，在开发中可以根据实际情况来选择使用哪种循环方式。

4. 删除 ArrayList 中的元素

删除 ArrayList 的元素有以下三种方式。

语法：

（1）通过 RemoveAt(int index)方法删除指定 index 的元素。

（2）通过 Remove(object value)方法删除一个指定对象名的元素。

（3）通过 Clear()方法移除集合中的所有元素。

【示例 7.4】删除电话本中的记录信息。

程序代码如下：

```
private void button1_Click(object sender, EventArgs e)
{
    //……
    telNote.RemoveAt(0);
    telNote.Remove(tel3);
    MessageBox.Show(string.Format("电话本中共有{0}条记录", telNote.Count));
    TelNote leave = (TelNote)telNote[0];
    MessageBox.Show(string.Format("{0}的电话是{1}", leave.Name, leave.Number));
    telNote.Clear();
    MessageBox.Show(string.Format("电话本中共有{0}条记录", telNote.Count));
}
```

程序运行结果如图 7.5、图 7.6、图 7.7 所示。

图 7.5　删除后的员工数量

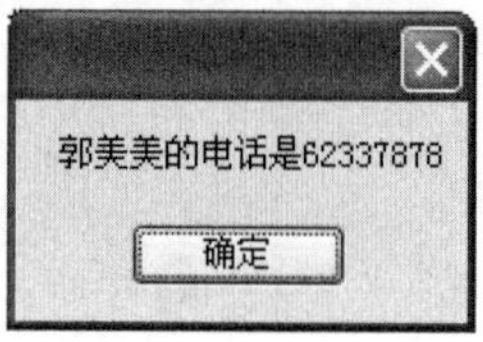

图 7.6　删除元素后

图 7.7　执行 clear()方法之后

注意：

（1）ArrayList 中的元素都是装箱好的 object 引用类型，在访问这些元素时必须把它们转换回原来的数据类型。

（2）ArrayList 添加和删除元素都会使剩余元素的索引自动改变。

分析：通过两种方法删除两个元素，然后再显示剩余元素的数量。再获取第一个元素，取得的是调整索引后的元素。执行 clear()方法后清空集合中的元素。

7.2.1.3　Hashtable

在 ArrayList 集合中使用索引访问它的元素，但是使用这种方式必须了解集合中某个数据的位置。当 ArrayList 中的元素变化频繁时，要跟踪某个元素的下标就比较困难了。C#中提供了一种叫 Hashtable 的数据结构，通常称为哈希表。哈希表的数据是通过键（Key）和值（Value）来组织的。键能唯一标识一个元素，通过键能访问其中的元素值。Hashtable 的存储结构如图 7.8 所示。

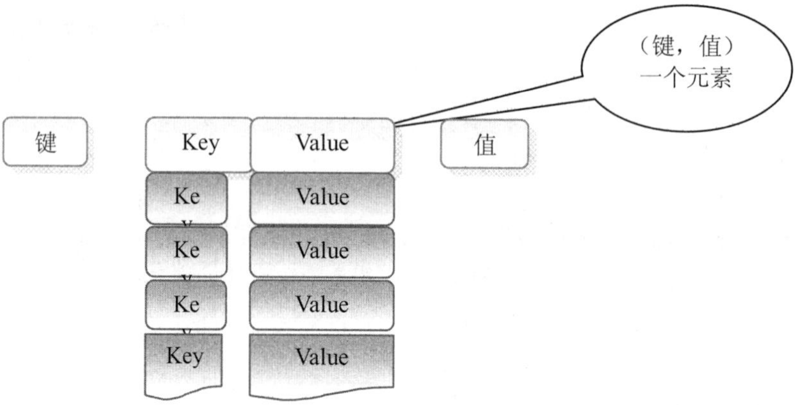

图 7.8　Hashtable 的存储结构

1. 给 Hashtable 添加数据

Hashtable 的每个元素都是一个键/值对，给 Hashtable 添加一个对象，也要使用 Add()方法。但哈希表的 Add()方法有两个参数，一个表示键，一个表示键所对应的值。

语法：

```
public void Add(object key,object value)
```

将电话本中的电话号码定为 Key，电话本对象作为 Value。添加示例 7.1 中三个电话记录的代码如下所示：

```
telNote.Add(tel1.Number,tel1);
telNote.Add(tel2.Number,tel2);
```

```
telNote.Add(tel3.Number,tel3);
```

2. 获取哈希表的元素

访问哈希表元素时，和 ArrayList 不同，可以直接通过键名来获取具体值。同样，由于值的类型是 object，所以当得到一个值时也需要通过类型转换得到正确的类。如指定一个电话的 Key 值（电话号码）来获取它的对象，然后转换为 TelNote 类型，代码如下：

```
TelNote note1=(TelNote)telNote["81161234"];
```

3. 删除哈希表的元素

语法：

```
public void Remove(object key)
```

通过 key，使用 Remove()方法删除哈希表的元素。

例如：

```
telNote.Remove("81161234");
```

哈希表删除一个元素时使用的是它的 Key 值（电话号码），这样比较直观，也不会出现 ArrayList 使用索引删除时的问题。哈希表也可以使用 Clear()方法清除所有元素，用法和 ArrayList 的情况相同，即 telNote.Clear()。

4. 遍历哈希表中的元素

由于哈希表不能够用索引访问，所以遍历一个哈希表只能用 foreach()方法，代码如下所示。

```
//遍历 Key
foreach(object obj in telNote.Keys)
{
Console.WriteLine((string)obj);
}
//遍历 value
foreach(object obj in telNote.Values)
{
TelNote note=(TelNote)obj;
Console.WriteLine(note.Name+"的电话号码是"+note.Number);
}
```

分析：这里分别对 telNote.Keys 和 telNote.Values 遍历，而不是 telNote 对象本身。通常情况下，采用这种方式遍历 Value 和 Key 的值。

注意：

（1）RemoveAt()方法会引起元素索引的动态变化。

（2）Remove()方法一次只能移除一个对象。

（3）Hashtable 不能通过索引访问，只能通过键访问值。

（4）Hashtable 无 RemoveAt()方法，不能通过索引移除元素。

（5）Hashtable 遍历出来的 obj 是 object 类型，需要进行类型转换。

7.2.2 泛型

7.2.2.1 泛型

通过 ArrayList 和 Hashtable 存储的数据类型都会被转换为 Object 类型，这意味着同一集合中可以加入不同类型的数据。但是在遍历集合的过程中就会出现异常，因为在对象转换时出错。

【示例 7.5】类型安全性检验。

程序代码如下：

```
//建立电话本集合
ArrayList telNote = new ArrayList();
//初始化三个电话对象，代码省略
//创建字符串变量
string address="科教新城";
// 添加对象
telNote.Add(tel1);
telNote.Add(tel2);
telNote.Add(tel3);
telNote.Add(address);
//打印集合中元素的类型
MessageBox.Show(string.Format("电话本中共有{0}条记录?", telNote.Count));
//遍历
foreach(Object obj in telNote)
{
    TelNote note=(TelNote)obj;
    Console.WriteLine(note.Name+"的电话号码是"+note.Number);
}
```

程序运行如图 7.9 和图 7.10 所示。

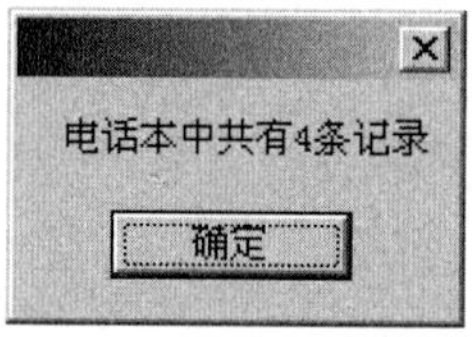

图 7.9　string 对象加入到集合中

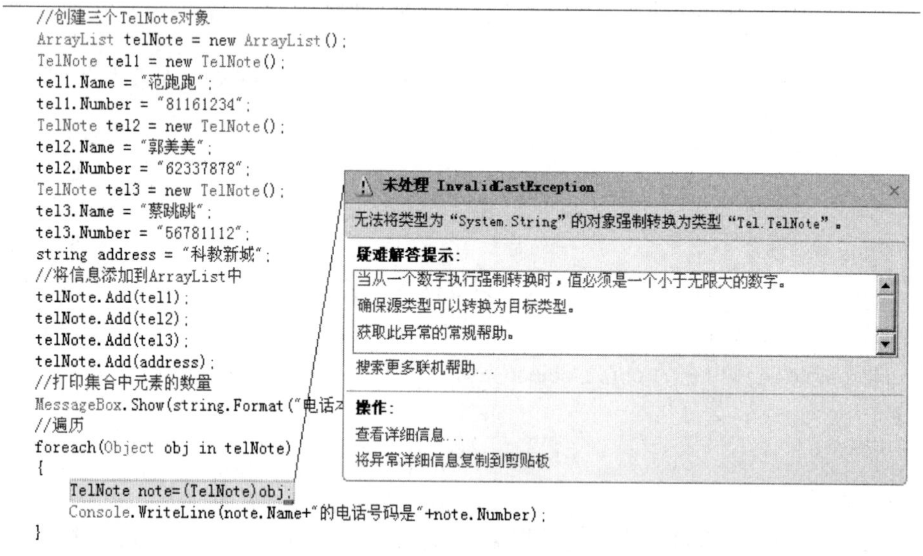

图 7.10　类型转换异常

分析：向 ArrayList 集合中添加三个 TelNote 对象、一个字符串对象，这时程序正常，集合中有四个对象，但是遍历的过程中出现异常，因为在集合中保存了 String 对象，将它强制转换为 TelNote 对象，程序异常。

C# 2.0 提供了一个新特性泛型，通过泛型可以定义类型安全的数据类型，它的最常见应用就是创建集合类，可以约束集合类中的元素类型。比较典型的泛型集合是 List<T>和 Dictionary<k,v>。下面对这两种泛型集合进行详细的说明。

7.2.2.2　泛型集合 List<T>

List<T>类的用法非常类似于 ArrayList，但是 List<T>有更大程度的类型安全性。定义一个 List<T>泛型集合的方法如下：

```
List<T> 对象名=new List<T>();
```

“<T>”中的 T 可以对集合中的元素类型进行约束，T 表明集合中管理的元素类型。有了泛型集合，可以把示例 7.5 进行修改，对集合元素的数据类型进行约束，就不会再出现类型转换异常的问题，如示例 7.6 所示。

【示例 7.6】类型安全性检验。

程序代码和程序运行如图 7.11 所示。

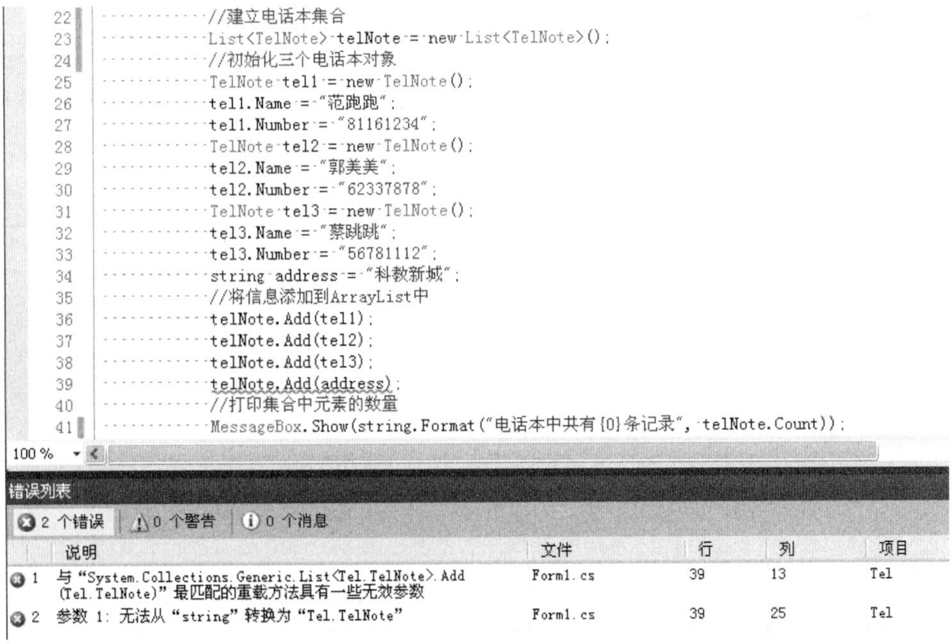

图 7.11　将不同类型的数据添加到 List 中

分析：本例定义了一个特殊的集合类型“List<TelNote>”，它表示这个集合只接受 TelNote 类型的元素。当试图把 string 类型的数据加入到集合中时，编译就无法通过。List<T>添加一个元素的方法和 ArrayList 是一样的。其实，获取元素、删除元素，以及遍历一个 List<T>的方法和 ArrayList 的用法都是类似的，如示例 7.7 所示。

【示例 7.7】泛型集合数据访问。

程序代码如下：

```
//通过索引访问
```

```
TelNote note=telNote[0];
//通过索引或者对象删除
telNote.RemoveAt(0);
telNote.Remove(tel3);
//打印集合数目
MessageBox.Show(string.Format("电话本中共有{0}条记录?", telNote.Count));
//遍历
foreach(TelNote item in telNote)
{
//遍历时无须类型转换
MessageBox.Show(string.Format("{0}的电话是{1}\n", item.Name,item.Number));
}
```

程序运行结果如图 7.12 所示。

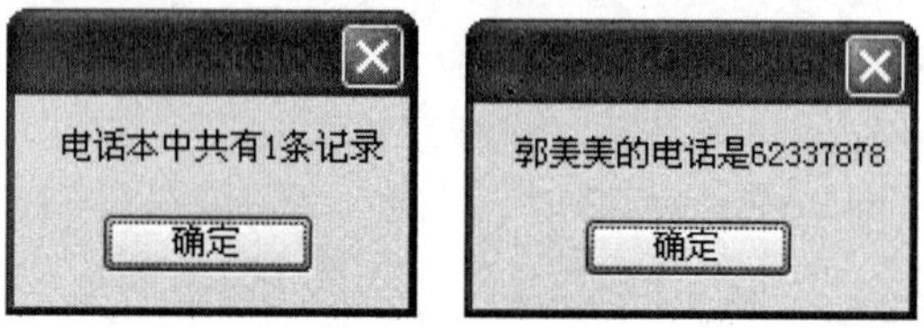

图 7.12　泛型集合数据访问

分析：很明显，List<T>的使用方法和 ArrayList 类似，只是 List<T>无须类型转换。这里对 List<T>和 ArrayList 做一个对比，如表 7.1 所示。

表 7.1　List<T>与 ArrayList 的区别

异同点	List<T>	ArrayList
不同点	对所保存元素做类型约束 添加/读取值类型无须拆箱、装箱	可以增加任何类型 添加/读取值类型元素需要拆箱、装箱
相同点	通过索引访问集合中的元素 添加元素方法相同 删除元素方法相同	

7.2.3　泛型集合 Dictionary<k,v>

在 C#中还有一种泛型集合 Dictionary<K,V>，它具有泛型的全部特性，编译时检查类型约束，获取元素时无须类型转换，并且它存储数据的方式和哈希表类似，也是通过 Key/Value（键/值对）保存元素的。

定义一个 Dictionary<K,V>泛型集合的方法如下所示：

```
Dictionary<K,V> 对象名=new Dictionary<K,V>();
```

<K,V>中的 K 表示集合中 Key 的类型，V 表示 Value 的类型，它的含义和 List<T>是相同的。前面已经学习了哈希表的使用方法，所以对于 Dictionary<K,V>的使用，应该会很容易学习和掌握。

【示例 7.8】泛型集合 Dictionary<K,V>的数据操作。

程序代码如下：

```
//建立电话本集合
Dictionary<string, TelNote> telNote = new Dictionary<string, TelNote>();
//初始化三个电话本对象
TelNote tel1 = new TelNote();
tel1.Name = "范跑跑";
tel1.Number = "81161234";
TelNote tel2 = new TelNote();
tel2.Name = "郭美美";
tel2.Number = "62337878";
TelNote tel3 = new TelNote();
tel3.Name = "蔡跳跳";
tel3.Number = "56781112";
//添加元素
telNote.Add(tel1.Number,tel1);
telNote.Add(tel2.Number, tel2);
telNote.Add(tel3.Number, tel3);
//打印集合中元素的数量
MessageBox.Show(string.Format("电话本中共有{0}条记录", telNote.Count));
//通过 key 访问元素
TelNote note = telNote["81161234"];
MessageBox.Show(string.Format("{0}的电话是{1}\n", note.Name, note.Number));
//通过 key 删除元素
telNote.Remove("81161234");
//打印集合中元素的数量
MessageBox.Show(string.Format("电话本中共有{0}条记录", telNote.Count));
//遍历
foreach (TelNote item in telNote.Values)
{
    MessageBox.Show(string.Format("{0}的电话是{1}\n", item.Name, item.Number));
}
```

分析：Dictionary<K,V>的 Key 是 string 类型，这里保存的是 TelNote 对象的 Number 属性，Value 是 TelNote 类型，保存电话本对象。同样能够看到，添加一个元素、获取一个元素、删除一个元素，以及遍历整个集合时的方法和哈希表是一样的，只是泛型集合的特性无须类型转换。可以很快对这个泛型集合中的元素进行操作使用。同样，对 Dictionary<K,V>和哈希表做一个对比，如表 7.2 所示。

表 7.2　Dictionary<K,V>与 Hashtable 的对比

异同点	Dictionary<K,V>	Hashtable
不同点	对所保存元素做类型约束 添加/读取值类型无须拆箱、装箱	可以增加任何类型 添加/读取值类型元素需要拆箱、装箱
相同点	通过 Key 获取 Value 添加元素方法相同 删除元素方法相同	

泛型有以下优点：

（1）性能高。ArrayList 添加元素时都是 Object 类型，如果添加一个值类型，就需要把它转换为引用类型，而取出这个元素时又需要转换为它对应的值类型，这就需要装箱和拆箱的操作，而泛型无须类型的转换操作。

（2）类型安全。泛型集合对它所存储的对象做了类型的约束，不是它所允许存储的类型是无法添加到泛型集合中的。

（3）实现代码的重用。泛型就相当于模板，由于它支持任意的数据类型，使得开发人员不必花力气为每种特定的数据类型编写一套方法，因此它具有极大的可重用性。所以泛型编程是未来的主流技术之一。

注意：

（1）使用泛型集合必须实例化。

（2）Hashtable 和 Dictionary<K,V>不能遍历整个对象，通常需分别遍历 Value 和 Key 的值。

7.3 回到工作场景

通过 7.2 节内容的学习，应该理解了集合和泛型的概念，能熟练使用各种泛型集合访问数据。下面将回到 7.1 中介绍的工作场景中，完成工作任务。

【步骤 1】

（1）新建一个名为“SuperMarket”的 Windows 应用程序。

（2）添加一个商品类（Goods），该类具有商品条形码（id）、商品名称（name）、商品价格（price）和商品数量（number）字段，属性 Id、Name、Price、Number 以及用于完成对象初始化工作的自定义构造函数。

程序代码如下：

```
class Goods
{
    public Goods(string id, string name, double price, int number)
    {
        this.Id = id;
        this.Name = name;
        this.Price = price;
        this.Number = number;
    }
        private string id;
        public string Id
        {
            get { return id; }
            set { id = value; }
        }
        private string name;
        public string Name
        {
            get { return name; }
```

```
            set { name = value; }
        }
        private double price;
        public double Price
        {
            get { return price; }
            set { price = value; }
        }
        private int number;
        public int Number
        {
            get { return number; }
            set { number = value; }
        }
    }
```

【步骤 2】

（1）设计程序界面，如图 7.13 所示。

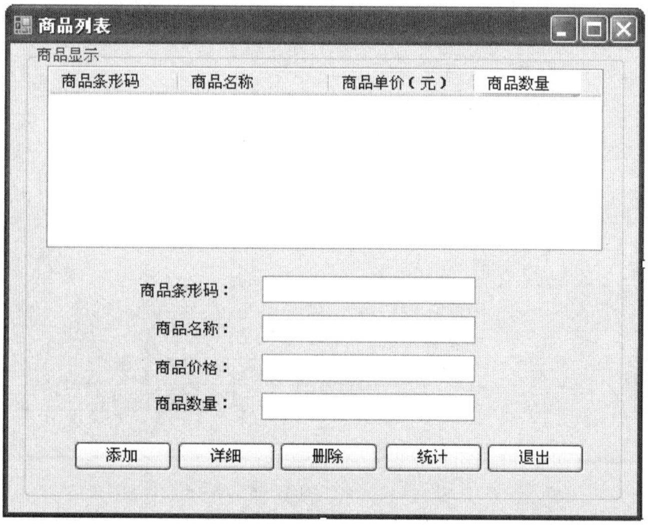

图 7.13　程序界面

（2）初始化库存商品集合信息。

```
Dictionary<string,Goods> StockGoods;
```

（3）窗体加载时，显示系统的所有库存商品信息。

关键代码如下：

```
//泛型集合 StockGoods 绑定 ListView 控件
private void FillList(Dictionary<string, Goods> stockGoods,ListView listview)
{
        lvGoods.Items.Clear();
        if (StockGoods.Count == 0)
    {
    MessageBox.Show("没有数据", "注意", MessageBoxButtons.OK, MessageBoxIcon.Information);
```

```
            }
            else
            {
             foreach (Goods goods in StockGoods.Values)
             {
                    string id = goods.Id;
                    string name = goods.Name;
                    string price = goods.Price.ToString();
                    string number = goods.Number.ToString();
                    string[] subItem = { id, name, price, number };
                    ListViewItem item = new ListViewItem(subItem);
                    listview.Items.Add(item);
              }
         }
```

程序运行结果如图 7.14 所示。

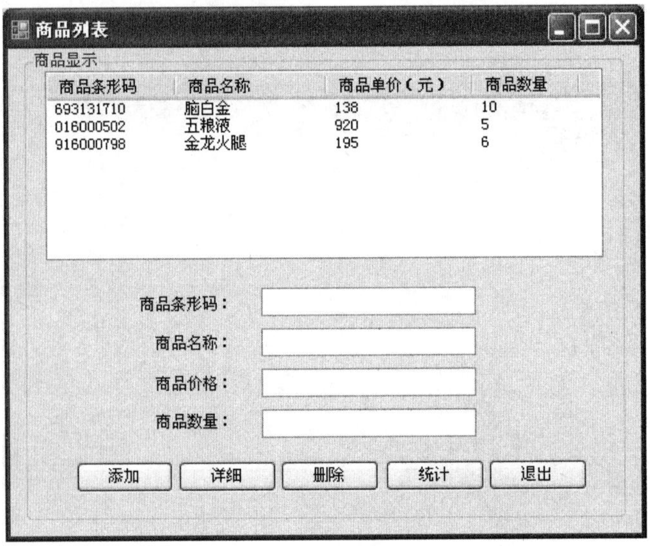

图 7.14　显示库存商品信息

【步骤 3】实现商品信息的增加功能。

关键代码如下：

```
// "添加" 按钮的单击事件
private void btnAdd_Click(object sender, EventArgs e)
{
     if (String.IsNullOrEmpty(txtID.Text) ||String.IsNullOrEmpty(txtName.Text) ||String.IsNullOrEmpty
(txtPrice.Text) || String.IsNullOrEmpty(txtNumber.Text))
     {
          MessageBox.Show("商品信息不能为空");
          return;
     }
      Goods goods = new Goods(txtID.Text, txtName.Text, double.Parse(txtPrice.Text), int.Parse
(txtNumber.Text));
```

```
        StockGoods.Add(goods.Id,goods);
        FillList(StockGoods, lvGoods);
    }
```

程序运行结果如图 7.15 所示。

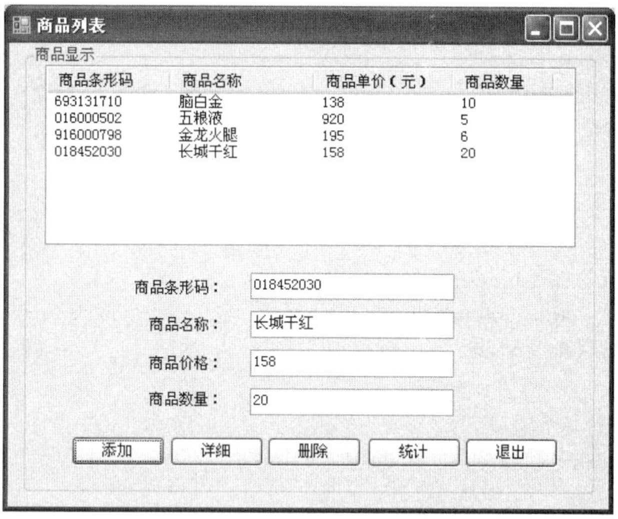

图 7.15　添加商品信息并显示

【步骤 4】实现查看选定商品信息的功能。

关键代码如下：

```
//"详细"按钮的单击事件
private void btnDetail_Click(object sender, EventArgs e)
{
    if (this.lvGoods.SelectedItems.Count == 0)
    {
        MessageBox.Show("没有选择!");
        return;
    }
    string key = this.lvGoods.SelectedItems[0].Text;
    this.txtID.Text = StockGoods[key].Id;
    this.txtName.Text = StockGoods[key].Name;
    this.txtPrice.Text = StockGoods[key].Price.ToString();
    this.txtNumber.Text = StockGoods[key].Number.ToString();
}
```

【步骤 5】实现删除选定商品信息的功能。

关键代码如下：

```
//"删除"按钮的单击事件
private void btnDel_Click(object sender, EventArgs e)
{
    if (this.lvGoods.SelectedItems.Count == 0)
    {
        MessageBox.Show("没有选择删除项!");
```

```
            return;
        }
        string key = this.lvGoods.SelectedItems[0].Text;
        StockGoods.Remove(key);
        FillList(StockGoods,lvGoods);
        this.txtID.Text = "";
        this.txtName.Text = "";
        this.txtPrice.Text = "";
        this.txtNumber.Text = "";
    }
```

【步骤 6】

（1）实现商品信息统计的功能。

```
private void btnTotal_Click(object sender, EventArgs e)
{   string count = string.Format("总共有{0}种商品信息!", StockGoods.Count.ToString());
    MessageBox.Show(count);
}
```

（2）退出系统并释放资源。

```
private void btnExit_Click(object sender, EventArgs e)
{
    this.Dispose();
}
```

7.4　工作训练营

7.4.1　项目训练

1. 训练内容

编程在窗体中显示公司员工信息，并能根据员工工号进行"员工模糊查询"。设计应用程序，输入员工的工号显示相应员工信息。运行效果如图 7.16 所示。

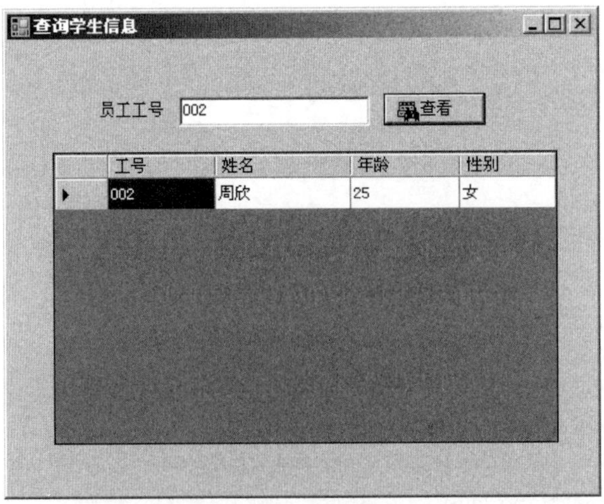

图 7.16　运行效果

2. 训练目的

掌握泛型集合 List 的添加、查询操作，学会使用泛型集合绑定 DataGridView 控件。

3. 训练过程

【步骤 1】新建一个名为“Office”的 Windows 应用程序。

【步骤 2】添加一个职工类 Employee。类中有分别表示工号、姓名、年龄和性别的四个字段 id、name、age 和 gender 以及封装好的属性，其中 gender 为枚举类型；类中还有用于初始化员工对象的构造函数。关键代码如下：

```
public enum Gender
{
    男,
    女
}
class Employee
{
    public Employee(string id, string name, int age, Gender gender)
    {
        this.Id = id;
        this.Name = name;
        this.Age = age;
        this.Gender = gender;
    }
    private string id;
    public string Id
    {
        get { return id; }
        set { id = value; }
    }
    private string name;
    public string Name
    {
        get { return name; }
        set { name = value; }
    }
    private int age;
    public int Age
    {
        get { return age; }
        set { age = value; }
    }
    private Gender gender;
    public Gender Gender
    {
        get { return gender; }
        set { gender = value; }
    }
}
```

【步骤 3】设计程序界面，如图 7.17 所示。

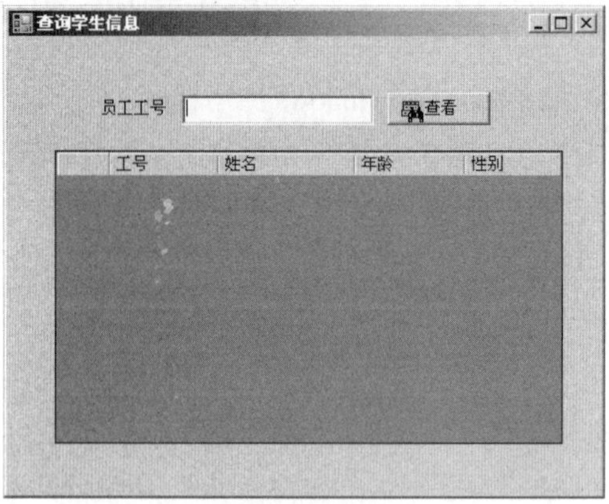

图 7.17　程序界面

【步骤 4】窗体加载时，显示系统的所有员工信息。

关键代码如下：

```
//初始化员工信息集合
List<Employee> programmerList= new List<Employee>();
//窗体加载方法实现泛型集合 programmerList 绑定 DataGridView 控件
private void Form1_Load(object sender, EventArgs e)
{
    List<Employee> programmerList = new List<Employee>();
    Employee jack = new Employee("001", "艾杰", 23, Gender.男);
    Employee joe = new Employee("002", "周欣", 25, Gender.女);
    Employee ema = new Employee("003", "黄龙", 24, Gender.男);
    programmerList.Add(jack);
    programmerList.Add(joe);
    programmerList.Add(ema);
    //用 List 绑定 DataGridView 的方法
    dgvprogrammer.DataSource = new BindingList<Employee>(programmerList);
}
```

程序运行结果如图 7.18 所示。

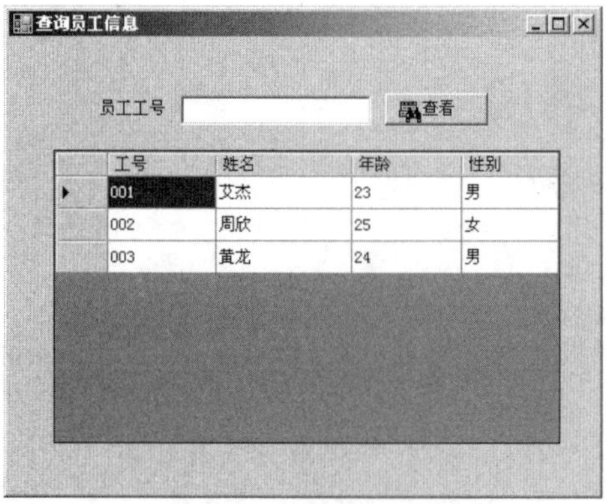

图 7.18　展示员工信息

【步骤 5】根据员工工号进行模糊查询。

关键代码如下：

```
private void btnQuery_Click(object sender, EventArgs e)
{
//用临时列表保存查询到的信息
    List<Employee> tempList = new List<Employee>();
    foreach (Employee item in programmerList)
    {
        //用 string 类的 IndexOf 方法实现模糊查询逻辑
        if (item.Id.IndexOf(txtID.Text.Trim()) != -1)
        {
            tempList.Add(item);
        }
    }
    dgvprogrammer.DataSource = new BindingList<Employee>(tempList);
}
```

4. 技术要点

泛型集合 List 的添加、查询方法，泛型集合绑定 DataGridView 的方法。

7.4.2 工作实践常见问题解析

【问题 1】若 List 对象中的数据是不变的，如何用 List 绑定 DataGridView？

【答】DataGridView 对象.DataSource=List 对象。

【问题 2】如何用 DataGridView 显示字典集合数据？

【答】DataGridView 显示字典集合数据，不能直接绑定。

方法如下：

```
BindingSource bs=new BindingSource();
bs.DataSource=Dictionary 对象.Values;
DataGridView 对象.DataSource=bs;
```

【问题 3】集合中原来有三个对象，现在给集合再添加一个对象，其属性与集合中现有的一个元素的属性完全相同，用 Remove()方法移除这个对象，这样是否会把两个属性值完全一样的对象一起删除呢？

【答】不会。通过 Remove()方法移除集合中的元素一次只能移除一个，与被移除元素的属性完全相同的其他元素不受影响。

小结

ArrayList 集合可以动态维护，访问元素时需要类型转换，ArrayList 集合删除数据时，可以通过索引或者对象名访问其中的元素。

Hashtable 类似于生活中的字典，它的元素都是以键/值对的形式存在。访问其中的元素需要进行类型转换，遍历 Hashtable 时，可以遍历其 Value 或 Key；Hashtable 不能通过索引访问，只能通过键访问值。

泛型集合可以约束它所存储的对象的类型，访问集合中的元素无须进行类型转换，List<T>和ArrayList 的用法相似，List<T>访问元素无须进行类型转换，Dictionary<K,V>和 Hashtable 的用法相似，Dictionary<K,V>访问元素无须类型转换，泛型集合可以作为类的一个属性，使用泛型集合必须实例化。

本单元主要通过两个项目进行了集合、泛型的应用和操作，实现了项目化的集合训练，后面要再接再厉！

单元八 使用继承和多态开发程序

单元要点

- 类继承的相关知识
- 多态的相关知识

技能目标

- 能利用继承建立基类和派生类
- 能用虚方法实现多态
- 能用抽象方法实现多态

项目载体

- 工作场景项目：商品促销计算器
- 工作训练营项目：员工工作汇报

8.1 工作场景导入

【工作场景】

华联商厦年底促销活动开始啦，穿着类满 200 减 100，车辆类满 500 减 50，电子类满 2000 减 100，多买多送。试用继承和多态的方法，编程显示某位顾客购买商品列表并计算折扣后的价格。系统参考界面如图 8.1 和图 8.2 所示。

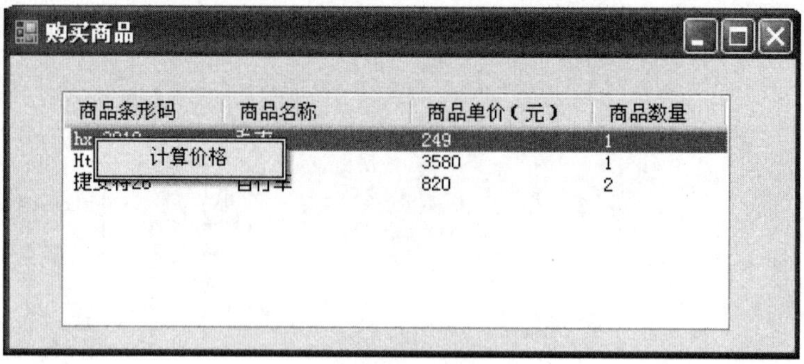

图 8.1　购买商品列表

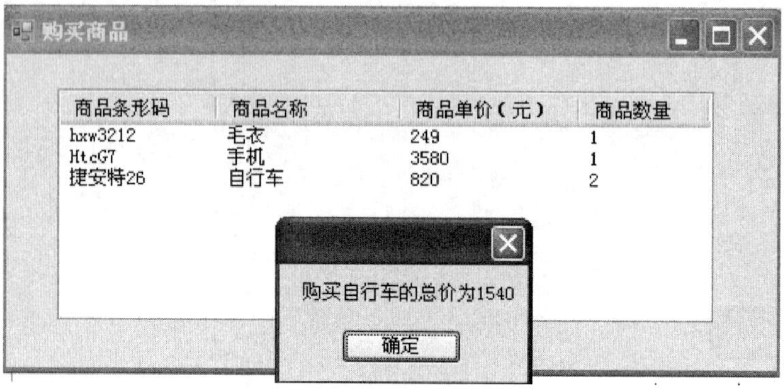

图 8.2　折扣后的价格

【引导问题】

（1）继承的概念是什么？

（2）继承如何实现？

（3）子类构造函数如何实现？

（4）多态的概念是什么？

（5）虚方法的概念及如何利用虚方法实现多态？

（6）抽象方法的概念及如何利用抽象方法实现多态？

8.2　技术与知识准备

8.2.1　继承

8.2.1.1　继承的概念

继承是面向对象编程的一个最重要的特征，使用继承可以避免大量的重复工作。当多个不同的类具有大量相同的特征时，而且这些类之间的关系非常清晰，这时使用继承，能更方便快捷地开发出优秀的软件。

在一个教务系统中，存在教师和学生两个角色。教师和学生都是人，具有一些共同的特性（例如姓名、性别、籍贯等）。当然他们也各自具有一些不同的东西，如教师有所教课程，学生有所学课程等。

在C#中，如果用继承对上例进行建模，应当首先创建一个类Actor，表示教务系统中的角色。然后再创建两个类，一个是Teacher（教师），一个是Student（学生），并声明他们都继承自Actor类，继承确立了一种关系，强调了教师和学生都是教务系统中的角色这个事实。将他们共同的特征（例如姓名、性别、籍贯等）放在Actor类中，而特有的属性则放到各自的类中。

继承可以提高软件模块的可复用性和可扩充性，从而提高软件的开发效率。在C#中称已有的类为基类或父类（如Actor类），继承基类而产生的新类称为派生类或子类（如Teacher类、Student类）。派生类能够继承基类的方法、特性等，但继承得到的成员受访问限制。

C#继承应遵循下列规则：

（1）继承是可传递的，如果C从B派生，B又从A派生，那么C不仅继承了B中声明的成员，同样继承了A的成员。Object类是所有类的基类。

（2）继承具有单根性，一个派生类不能同时继承多个基类。

（3）派生类应当是对基类的扩展，在派生类中可以添加新的成员，但不能去除已经继承的成员的定义。

（4）构造函数和析构函数不能被继承。

8.2.1.2 继承的使用

基类是对派生类的抽象，派生类是对基类的具体化，是基类定义的延续。继承的主要优点就是代码重用，只要在基类中编写一次代码，其所有派生类都会自动继承这些代码。类实现继承的一般语法形式如下：

```
<访问修饰符> class <派生类名>：<基类名>
{
    //<类成员>
}
```

【示例8.1】派生类继承基类方法的实例。

程序代码如下：

```
//汽车类
public  class Vehicle
{
    //型号
    private string type;
    public string Type
    {
        get { return type; }
        set { type = value; }
    }
   // 产地
    private string place;
    public string Place
    {
        get { return place; }
        set { place = value; }
    }
        //VehicleRun()方法
```

```
            public void VehicleRun()
        {
            Console.WriteLine("汽车在行驶！");
        }
    }
    //卡车类
    public class Truck:Vehicle
     {
        private double load;
        public double Load
        {
            get { return load; }
            set { load = value; }
        }
        //构造函数
        public Truck(string type,string place,double load)
        {
             this.Type=type;
             this.Place=place;
             this.Load=load;
        }
        //TruckRun()方法
        public void TruckRun()
        {
        Console.WriteLine(string.Format("型号为{0}、产地为{1}、载重量为{2}吨的卡车在行驶！",
    this.Type,this.Place,this.Load));
        }
    }
    //Main 方法
    static void Main(string[] args)
    {
        Truck truck = new Truck("奥迪 A6", "德国"， 5);
        truck.VehicleRun();
        truck.TruckRun();
        Console.ReadLine();
    }
```

程序运行结果如图 8.3 所示。

图 8.3 卡车类继承汽车类的运行结果

分析：创建 Vehicle 类，并添加属性“类型”和“产地”、方法 VehicleRun()。创建 Truck 类继承 Vehicle，添加特有属性“载重”、构造函数和方法 TruckRun()。在主方法中实例化一个卡车调用汽车和卡车方法，实现卡车对汽车的继承并访问基类的相关属性和方法。

8.2.1.3　子类构造函数

1. 隐式调用父类构造函数

子类继承父类，那么子类对象在创建的过程中父类起了什么作用呢？通过示例 8.2 展示子类对象的构造过程：

【示例 8.2】隐式调用父类构造函数。

程序代码如下。

```
//汽车类构造函数
public Vehicle()
{
        Console.WriteLine("父类无参对象构造执行！ ");
}
public Vehicle(string type, string place)
{
        this.Type = type;
        this.Place = place;
}
//卡车类构造函数
public Truck(string type,string place,double load)
{
    this.Type=type;
    this.Place=place;
    this.Load=load;
}
//Main 方法
static void Main(string[] args)
{
    Truck truck = new Truck("奥迪 A6", "德国",5);
    truck.VehicleRun();
    truck.TruckRun();
    Console.ReadLine();
}
```

程序运行结果如图 8. 4 所示。

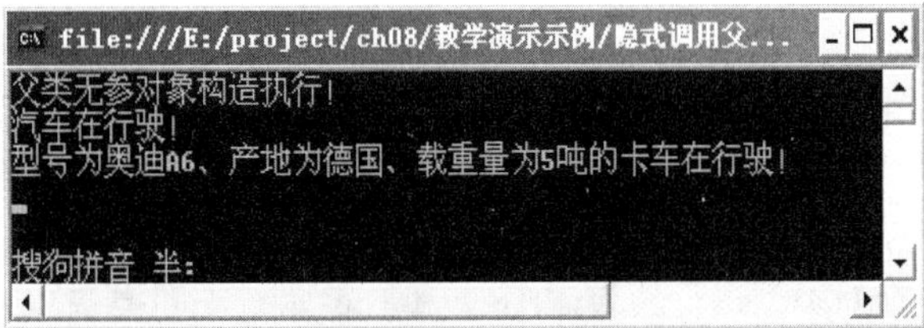

图 8.4　子类对象创建过程

分析：本例的主方法调用子类 Truck 的构造函数，创建 Truck 对象时自动调用了父类的无参构造函数。经过单步调试会发现，创建子类对象时会首先调用父类的构造函数，然后才会调用子类本身的构造函数。由于没有指明要调用父类的哪一个构造函数，所以系统隐式地调用了父类的无参构造函数。

2. 显式调用父类构造函数

C#可以用 base 关键字调用父类的构造函数，实现继承属性的初始化，然后在子类本身的构造函数中完成对子类特有属性的初始化，如示例 8.3 所示。

【示例 8.3】显式调用父类构造函数。

程序代码如下：

```
//Vehicle 类的构造函数
public Vehicle(string type, string place)
{
    this.Type = type;
    this.Place = place;
}
//Truck 类的构造函数
public Truck(string type,string place,double load):base(type,place)
{
    this.Load = load;
}
```

程序运行结果如图 8.5 所示。

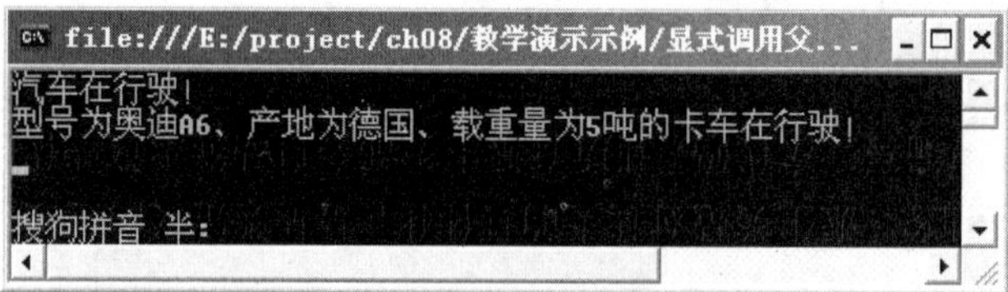

图 8.5 base 关键字调用父类构造函数

分析：Truck 从 Vehicle 类继承的属性，如 Type、Place 通过 base 关键字调用父类的有参构造函数进行初始化，而 Truck 自己特有的属性 Load 在 Truck 的构造函数中初始化。

注意：

（1）C#中还有一个特殊的关键字 sealed，用它修饰的类是不能被继承的。我们称这种类为密封类。常用的 String 类就是密封类。

（2）用 base 关键字调用父类传递的参数不带数据类型。

（3）子类构造函数不指明调用的是父类的哪个构造函数，系统默认调用父类的无参构造函数。

8.2.1.4 IS-A 的应用

在前面说卡车继承汽车，其实公共汽车、轿车都继承于汽车。如果要在 MyCar 案例中添加一个公共汽车类 Bus，同样继承于汽车类，要实现对所有汽车的属性输出功能，并要求所有对象都存储在泛型集合 List<T>中，该如何实现呢？

我们知道，List<T>会对类型进行约束，Truck 和 Bus 属于不同类型，怎样把它们加入到同一个集合中呢？

由于 Truck 和 Bus 都继承 Vehicle，即 Truck is a Vehicle，Bus is a Vehicle，所以可以定义一个 List<Vehicle>的集合，Truck 和 Bus 都可以加入到这个集合中。当要遍历集合进行属性输出时，只需要对每个对象的类型进行判断，如示例 8.4 所示。

【示例 8.4】IS-A 的应用。

程序代码如下：

```
//Bus 类
class Bus:Vehicle
{
   //座位数
    private int seat;
    public int Seat
    {
        get { return seat; }
        set { seat = value; }
    }
    //构造函数
    public Bus(string type, string place, int seat)
        : base(type, place)
    {
        this.Seat = seat;
    }
    //BusRun()方法
    public void BusRun()
    {
        Console.WriteLine(string.Format("型号为{0}、产地为{1}、{2}座的公共汽车在行驶！",
this.Type, this.Place, this.Seat));
    }
}
//main()方法
//实例化 Truck、Bus 对象
Truck truck = new Truck("奥迪 A6", "德国",5);
Bus bus = new Bus("金龙", "厦门", 55);
List<Vehicle> vehicles = new List<Vehicle>();
vehicles.Add(truck);
vehicles.Add(bus);
//遍历属性输出
foreach (Vehicle vehi in vehicles)
{
    if (vehi is Truck)
    {
       ((Truck)vehi).TruckRun();
    }
    if (vehi is Bus)
    {
        ((Bus)vehi).BusRun();
    }
}
```

程序运行结果如图 8.6 所示。

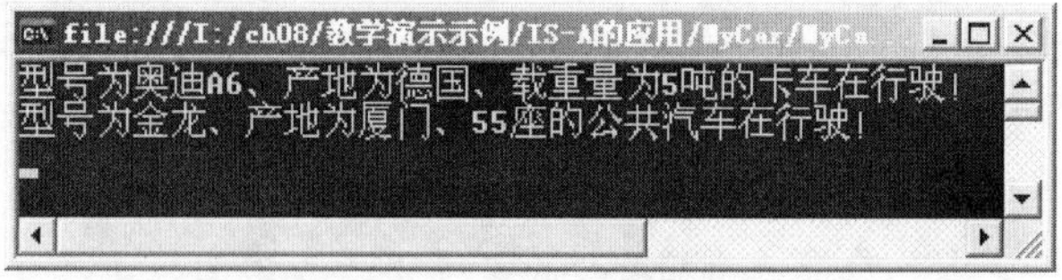

图 8.6　遍历输出汽车属性

分析：本例中遍历 vehicles 集合时用了 is 关键字，这个关键字用来判断对象是否属于给定的类型，如果属于则会返回 true，否则返回 false。if (vehi is Truck)表示判断 vehi 对象是否是 Truck 类型。

8.2.2　多态

8.2.2.1　多态的概念

回顾示例 8.4，在遍历汽车集合时，输出卡车、公共汽车属性，需要用 is 关键字判断每种汽车的类型。这时会带来一问题，如果 Vehicle 类的子类非常多，每个子类的属性各不相同，在程序中就要对众多的对象编写非常多的 if 语句进行判断，使程序变得庞大，扩展困难。

多态是在继承的基础上扩展类的功能，是指两个或多个属于不同类的对象，对于同一个消息（方法调用）作出不同响应的方式。其实生活中有许多多态的例子。比如，如果要求三种人——外科大夫、理发师和演员进行“cut”动作，会发生什么情况呢？

理发师会开始剪头发（cut=剪）。

外科大夫会在病人身体上割开一个切口（cut=切开）。

演员会停止表演，等待导演下一步指令（cut=停止拍摄）。

可以把三种不同职业的人看作三个不同的子类对象（继承自人类）。每个对象得到同一个消息——cut，但他们知道对于自己来说，这个命令意味着不同的含义，因为他们都清楚自己的职业。

8.2.2.2　虚方法实现多态

如果希望基类中某个方法能够在派生类中进一步得到改进，那么可以将这个方法定义为虚方法，虚方法就是可以在派生类中对其实现进一步改进的方法。

虚方法实现多态的基本步骤如下：

（1）基类中定义方法，用 virtual 关键字定义为虚方法。

（2）派生类中定义派生类自己的方法（重写虚方法），用 override 关键字修饰。

（3）派生类重写基类的虚方法，其中有两种方式。

（4）创建基类变量，用派生类对象实例化这个基类变量。

（5）把基类类型作为参数类型，它的派生类对象作为参数传入。

（6）运行时，根据实际创建的对象决定执行哪个方法。

注意：virtual 关键字必须位于方法的返回类型之前，而且虚方法可以有方法体，这和稍后讲到的抽象方法很不同，抽象方法是必须被派生类重写的方法，其本身不允许有方法体。当重写基类虚方法时，重写方法必须与被重写的虚方法具有相同的方法签名。

另外，请注意虚函数的限制：

（1）静态成员函数不能是虚函数。

（2）构造函数不能是虚函数。

【示例 8.5】虚方法实现多态（一）。

程序代码如下：

```
//修改 Vehicle 类
 public    virtual void VehicleRun()
    {
      Console.WriteLine("汽车在行驶！ ");
    }
//修改 Truck 类
public override void VehicleRun()
    {
     Console.WriteLine(string.Format("型号为 a{0}、产地为 a{1}、载重量为 a{2}吨的卡车在行驶！ ",
this.Type,this.Place,this.Load));
     }
//修改 Bus 类
public override void VehicleRun()
    {
     Console.WriteLine(string.Format("型号为 a{0}、产地为 a{1}、{2}座的公共汽车在行驶！ ",
this.Type, this.Place, this.Seat));
          }
//main()方法
//遍历属性输出
    foreach (Vehicle vehi in vehicles)
     {
       vehi.VehicleRun();
     }
//创建 Vehicle 类变量，用 Bus 对象实例化这个变量
Vehicle ve=new Bus("宇通","河南",35);
ve.VehicleRun();
Console.ReadLine();
```

程序运行结果如图 8.7 所示。

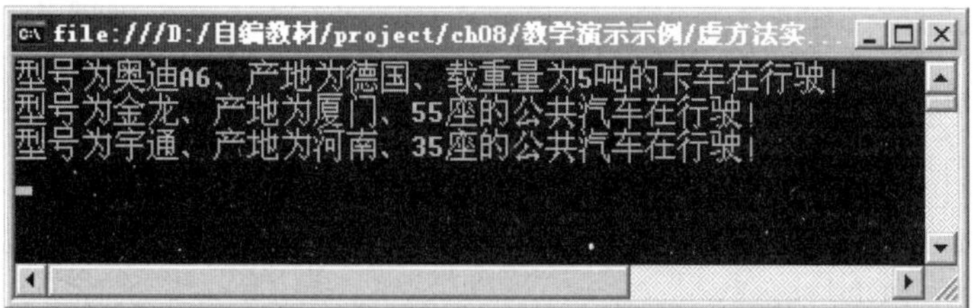

图 8.7　创建基类变量，用派生类对象实例化基类变量

分析：在基类 Vehicle 中用 virtual 关键字修饰 VehicleRun()方法，在 Truck 和 Bus 派生类中用 override 重写方法，遍历基类对象并调用 VehicleRun()方法时，无须考虑派生类到底是什么类型，就可以正确地调用派生类的相关方法。同时定义基类变量，用派生类对象初始化基类变量，直接用这个基类变量就可以调用派生类的 VehicleRun()方法，系统可以根据实际创建的类型决定调用哪个方法，从而实现类的多态性。

【示例 8.6】虚方法实现多态（二）。

程序代码如下：

```
//Person 类
class Person
{
    public virtual void Speak()
    {
        Console.WriteLine("说话...");
    }
}
//Chinese 类
class Chinese:Person
{
    public override void Speak()
    {
        Console.WriteLine("说中文...");
    }
}
//Englishmen 类
class Englishmen:Person
{
    public override void Speak()
    {
        Console.WriteLine("说英语...");
    }
}
//Pekingese 类
class Pekingese:Chinese
{
    public override void Speak()
    {
        Console.WriteLine("说北京话...");
    }
}
//Program.cs 类
static void Main(string[] args)
{
    Person p = new Chinese();
    Welcome(p);
    p = new Englishmen();
    Welcome(p);
    p = new Pekingese();
    Welcome(p);
    Console.ReadLine();

}
static void Welcome(Person person)
{
    person.Speak();
}
```

程序运行结果如图 8.8 所示。

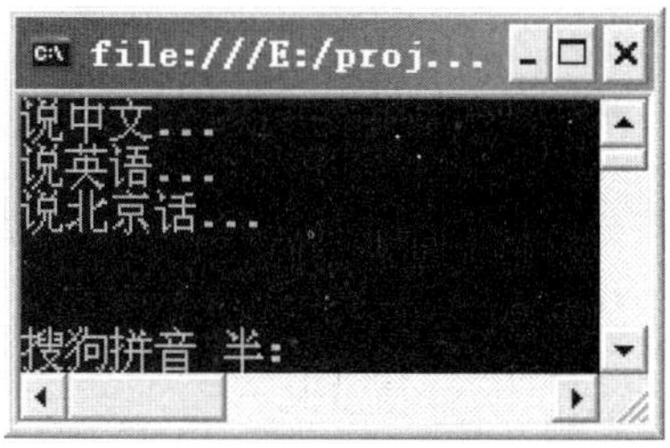

图 8.8　以父类类型作为参数

分析：以基类类型 Person 作为参数，可以接收它的派生类类型，程序在运行中自动判断实际参数属于哪种派生类，调用响应派生类的方法，从而完成多态。上述代码中，Pekingese 类继承自 Chinese 类，它仍然可以进一步重写 Chinese 类中的 Speak 方法。

注意：

（1）方法签名包括方法的名称以及参数信息。

（2）标记为 override 的方法依然可以被重写。

（3）使用 sealed 关键字修饰的方法为密封，不允许派生类对它进行重写。

8.2.2.3　抽象方法实现多态

1. 抽象类及抽象方法

在示例 8.6 中定义了 Person 类，不难看出，该类代表人类。如果把它实例化，调用其中的 Speak() 方法，实际意义不大。因为人类本身是一个宏观的、抽象的概念，没有具体化。假如不希望这个基类被实例化，并且只提供方法的定义，自己不去实现，而让子类实现这些方法，该如何做呢？

C#中用抽象类和抽象方法来解决这个问题。

（1）抽象类及抽象方法仅可以被继承，不能被实例化。

（2）抽象方法不能包含方法体，并且抽象方法所在的类必须也声明为抽象类。

（3）要声明抽象类及抽象方法，可以使用关键字 abstract，关键字 abstract 置于关键字 class 的前面。

示例：抽象类及抽象方法。

```
abstract class Person
{
    public abstract void Speak();
}
```

注意：

（1）抽象方法没有实现，所以方法定义后面紧跟分号，而不是方法体。

（2）抽象类的派生类必须实现所有的抽象方法。

2. 抽象类及抽象方法的应用

当从一个抽象基类派生一个子类时，子类将继承基类的所有特征，包括它未实现的抽象方法。抽象方法必须在其子类中实现，除非它的子类也是抽象类。与子类重写虚方法一样，在子类中实现一个抽象方法的方式也是使用 override 关键字来重写抽象方法。

示例：抽象方法实现多态。

```
//Person 类
abstract class Person
{
    public abstract void Speak();
}
//Chinese 类
class Chinese:Person
{
    public override void Speak()
    {
        Console.WriteLine("说中文...");
    }
}
//其余代码如示例 8.6
```

下面将虚方法和抽象方法做个对比，如表 8.1 所示。

表 8.1 虚方法和抽象方法对比

比较项	虚方法	抽象方法
关键字	virtual	abstract
是否有方法体	有	无
类是否必须为抽象类	否	是
是否必须被派生类重写/实现	否	是
是否可以为静态方法	否	否

8.2.3 面向对象的三大特性

到此为止，面向对象编程中三个非常重要的特性：封装、继承和多态，已经全部学习完了，总结如下。

封装：保证对象自身数据的完整性和安全性。

继承：建立类之间的关系，实现代码复用，方便系统的扩展。

多态：相同的方法调用可实现不同的实现方式。

8.3 回到工作场景

通过 8.2 节内容的学习，应该理解了继承和多态的概念，能实现类间的继承，并熟练利用虚方法和抽象方法实现多态。下面将回到 8.1 节介绍的工作场景中，完成工作任务。

【工作过程一】

【步骤 1】新建一个名为“SuperMarket”的 Windows 应用程序。

【步骤 2】添加一个抽象商品类（Goods），该类具有商品条形码（id）、商品名称（name）、商品价格（price）和商品数量（number）字段，属性 Id、Name、Price、Number 以及用于完成对象初始化工作的自定义构造函数和用于计算商品价格的抽象方法。

程序代码如下：

```
abstract class Goods
{
    public Goods(string id, string name, double price, int number)
    {
        this.Id = id;
        this.Name = name;
        this.Price = price;
        this.Number = number;
    }
    private string id;
    public string Id
    {
        get { return id; }
        set { id = value; }
    }
    private string name;
    public string Name
    {
        get { return name; }
        set { name = value; }
    }
    private double price;
    public double Price
    {
        get { return price; }
        set { price = value; }
    }
    private int number;
    public int Number
    {
        get { return number; }
        set { number = value; }
    }
public abstract void Compute();
}
```

【步骤 3】创建穿着类（Clothing）、车辆类（Vehicle）和电子类（Electric）均继承自 Goods，添加构造函数和实现 Goods 类定义的抽象方法 Compute()。

程序代码如下：

```
//穿着类 Clothing
class Clothing:Goods
{
    public Clothing(string id, string name, double price, int number)
        : base(id, name, price, number) { }

    public override void Compute()
    {
```

```
            this.Price = this.Price - (int)(this.Price / 200) * 100;
        }
    }
    //车辆类 Vehicle
    class Vehicle:Goods
    {
        public Vehicle(string id, string name, double price, int number) : base(id, name, price, number) { }
        public override void Compute()
        {
            this.Price = this.Price - (int)(this.Price / 500) * 50;
        }
    }
    //电子类 Electric
    class Electric:Goods
    {
        public Electric(string id, string name, double price, int number) : base(id, name, price, number) { }
        public override void Compute()
        {
            this.Price = this.Price - (int)(this.Price / 2000) * 100;
        }
    }
```

【工作过程二】

【步骤 1】设计程序界面，如图 8.9 所示。

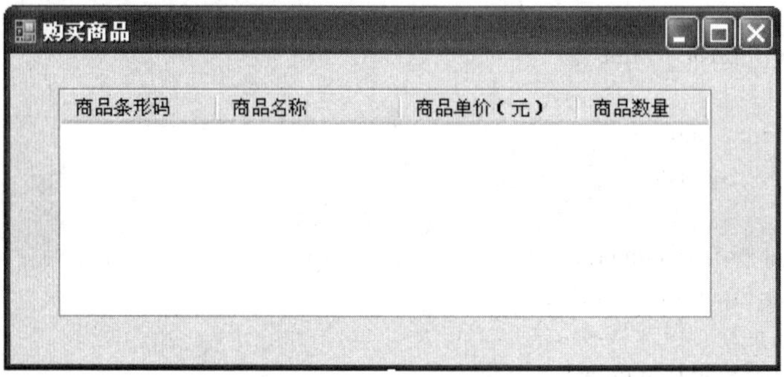

图 8.9　程序界面

【步骤 2】初始化购买商品集合信息。

```
Dictionary<string,Goods> StockGoods;
```

【步骤 3】窗体加载时，显示顾客购买商品信息。

关键代码如下：

```
    //泛型集合 StockGoods 绑定 ListView 控件
    private void FillList(Dictionary<string, Goods> stockGoods,ListView listview)
    {
        lvGoods.Items.Clear();
        if (StockGoods.Count == 0)
        {
        MessageBox.Show("没有数据", "注意", MessageBoxButtons.OK, MessageBoxIcon.Information);
```

```
        }
    else
    {
        foreach (Goods goods in StockGoods.Values)
        {
            string id = goods.Id;
            string name = goods.Name;
            string price = goods.Price.ToString();
            string number = goods.Number.ToString();
            string[] subItem = { id, name, price, number };
            ListViewItem item = new ListViewItem(subItem);
            listview.Items.Add(item);
        }
    }
```

程序运行结果如图 8.10 所示。

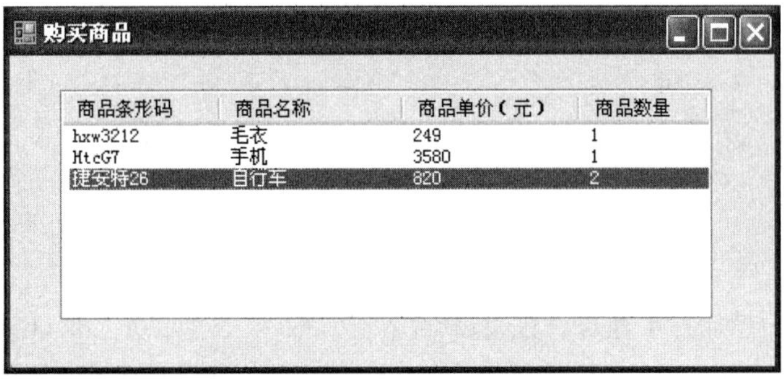

图 8.10　显示购买商品信息

【工作过程三】

选中一个商品，单击右键菜单，计算购买该商品折扣后的价格。

关键代码如下：

```
//定义泛型集合 keys，保存已计算过的商品条形码
List<string> keys = new List<string>();
// “计算价格”右键菜单的单击事件
private void 计算价格 ToolStripMenuItem_Click(object sender, EventArgs e)
{
    if (this.lvGoods.SelectedItems.Count == 0)
    {
        MessageBox.Show("没有选择。");
        return;
    }
    string key = this.lvGoods.SelectedItems[0].Text;
    if (!keys.Contains(key))
    {
        keys.Add(key);
        StockGoods[key].Compute();
    }
```

```
            MessageBox.Show(string.Format("购买{0}的总价为 a{1}",StockGoods[key].Name,
                            StockGoods[key].Price*StockGoods[key].Number));
    }
```

程序运行结果如图 8.11 所示。

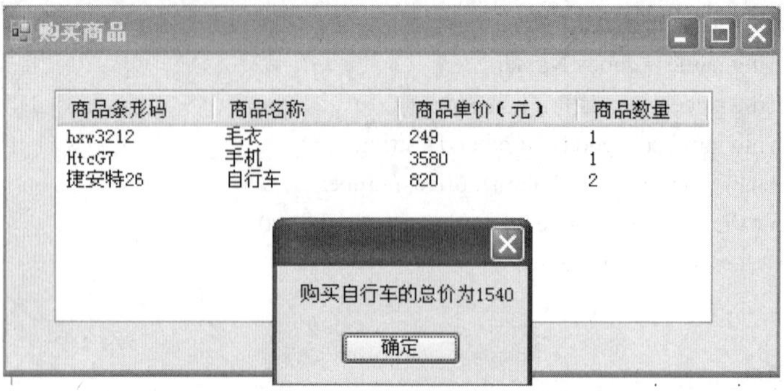

图 8.11 计算商品价格

8.4 工作训练营

8.4.1 项目训练

1. 训练内容

在 Office 案例中添加程序员类（SE）和项目经理类（PM），继承员工类（Employee）。添加 Job 类定义工作项。在 Employee 类中添加汇报工作方法并在 SE 和 PM 类中具体实现。利用多态方法，实现不同员工汇报工作。运行效果如图 8.12 所示。

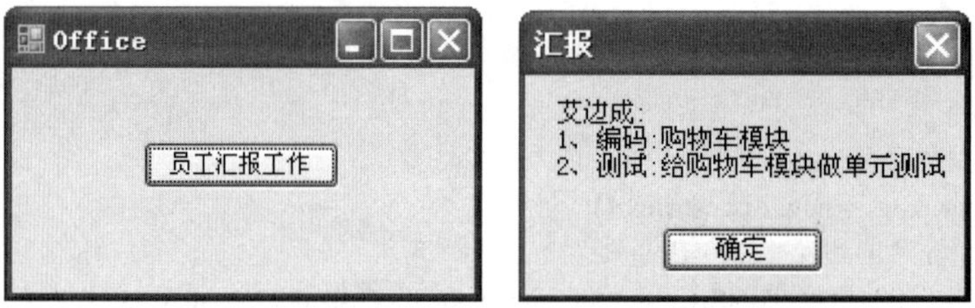

图 8.12 工作汇报运行效果

2. 训练目的

理解继承和多态的概念，能正确使用继承减少代码冗余，利用 virtual 和 override 实现多态，进行员工工作汇报。

3. 训练过程

【步骤 1】在“Office”案例中添加 SE 类和 PM 类，继承自 Employee 类，同时添加 Job 类定义工作项。在 Employee 类中添加汇报工作方法并在 SE 和 PM 类中具体实现。关键代码如下：

```
//Job 类，定义工作项目
public class Job
{
```

```
    //工作名称
    public string Name { get; set; }
    //描述
    public string Description { get; set; }
    //构造函数
    public Job(string name, string descrition)
    {
        this.Name = name;
        this.Description = descrition;
    }
}
//给 Employee 类添加工作列表属性
private List<Job> workList;
public List<Job> WorkList
{
    get { return workList; }
    set { workList = value; }
}
//Employee 类的构造函数
public Employee(string id, string name, int age, Gender gender, List<Job> list)
{
    this.Id = id;
    this.Name = name;
    this.Age = age;
    this.Gender = gender;
    this.WorkList = list;
}
//DoWork()方法
public virtual string DoWork()
{
    return "工作列表！";
}

//给 PM 类添加 DoWork()方法
public override string DoWork()
{
    string message = this.Name + "：管理员工完成工作内容！";
    return message;
}

//给 SE 类添加 DoWork()方法
public override string DoWork()
{
    StringBuilder sb = new StringBuilder();
    sb.Append(this.Name+":\n");
    for (int i = 0; i < this.WorkList.Count; i++ )
```

```
        {
            sb.Append((i + 1) + "、 " + WorkList[i].Name + ":" + WorkList[i].Description+"\n");
        }
        return sb.ToString();
    }
```

【步骤 2】在主窗体中定义员工集合，初始化员工信息。关键代码如下：

```
public partial class Form1 : Form
{
    //员工集合
    List<Employee> empls= new List<Employee>();
    public Form1()
    {
        InitializeComponent();
        Init();
    }

    //员工信息初始化
   public void Init()
{
    //实例化程序员对象
    List<Job> list1 = new List<Job>();
    list1.Add(new Job("编码", "购物车模块"));
    list1.Add(new Job("测试", "给购物车模块做单元测试"));
    SE ai = new SE("112", "艾边成", 25, Gender.男,list1);

    List<Job> list2 = new List<Job>();
    list2.Add(new Job("设计", "数据库建模"));
    list2.Add(new Job("编写文档", "详细设计说明书"));
    SE joe = new SE("113","Joe",30,Gender.女?,list2);

    //实例化 PM 对象
    PM pm = new PM("890","盖茨",50,Gender.男,null);
    empls.Add(ai);
    empls.Add(joe);
    empls.Add(pm);
}
```

【步骤 3】处理按钮单击事件，实现不同员工汇报工作。关键代码如下：

```
private void Report_Click(object sender, EventArgs e)
{
    foreach (Employee emp in empls)
    {
        MessageBox.Show(emp.DoWork(), "汇报");
    }
}
```

4. 技术要点

类的继承、虚方法的定义和重写、多态的实现。

8.4.2 工作实践常见问题解析

【问题 1】讲解继承，是不是可以使用窗体继承的例子？

【答】窗体的可视性虽然很好，看起来也比较直观，容易得出继承的概念，但是不容易联系到具体的代码，因此窗体的代码有一定的复杂性，不好由窗体的代码直接介绍继承的概念。所以最好在对继承有了一定的理解后，再使用这个例子。

【问题 2】虚方法和抽象方法都能实现多态，那么何时选用抽象类和抽象方法呢？

【答】抽象类是抽象的概念，我们不希望它被实例化。抽象类提供抽象方法，要求继承它的子类去实现。比如动物类有叫的行为，定义为抽象方法，猫类和狗类继承动物类，重写叫的方法，实现各自的叫，从而实现多态。

小结

继承必须符合 is a 的关系，被继承的类称为父类或者基类，继承其他类的类称为子类或者派生类。

继承机制很好地解决了代码复用的问题。

子类继承父类的成员，并且可以拥有自己特有的成员。

被 protected 访问修饰符修饰的成员允许被其子类访问，而不允许其他非子类访问。

base 关键字可以用于调用父类的属性、方法和构造函数。

继承具有传递性，如果 class A:B，class B:C，则 A 也可以访问 C 的成员。

C#中的继承具有单根性，一个类不能够同时继承自多个父类。

在子类中，如果不使用 base 关键字来显式调用基类构造函数，则将隐式调用默认的构造函数。

如果重载的构造函数有一个没有使用 base 关键字来指明调用父类的哪个构造函数，则父类必须提供一个默认的构造函数。

多态是指两个或多个属于不同类的对象，对于同一个消息（方法调用）作出不同响应的方式。

可以用虚方法实现多态。

抽象方法是一个未实现的方法，它用 abstract 关键字修饰，含有抽象方法的类必然是抽象类。

使用抽象方法可以实现多态。

抽象类不能被实例化，不能是静态的和密封的。

抽象类的抽象方法要在其子类中通过 override 关键字重写，除非它的子类也是抽象类。

面向对象的三大特性是封装、继承和多态。

单元九

TreeView 进行 XML 数据显示和操作

单元要点

- XML 内涵和基本规则
- XML 文件解析方法
- TreeView 控件、ListBox 等控件显示 XML 数据方法

技能目标

- 能独立编写 XML 文件
- 能读取 XML 文件的内容
- 能用 TreeView 控件创建动态树状菜单操作数据

项目载体

- 工作场景项目：班级学生信息展示系统
- 工作训练营项目：员工信息展示系统

9.1 工作场景导入

【工作场景】

软件 1113 班新生刚入学时，为了让班级学生快速地互相认识，辅导员小李决定请.NET 项目组

开发一个“班级学生信息展示系统”，通过系统可以在电脑上快速看到本班学生的姓名、相貌等信息，要求使用 XML 文件实现班级学生浏览。设计和运行效果如图 9.1 所示。

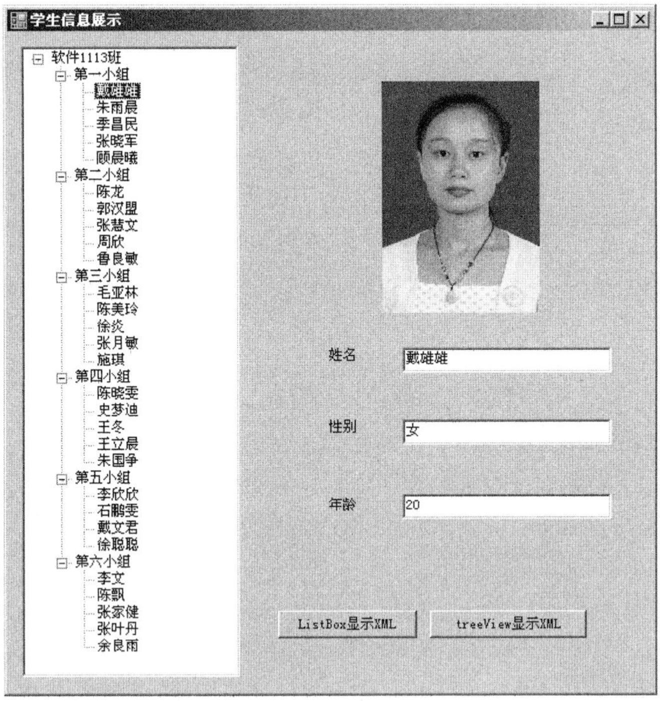

图 9.1　班级学生信息展示系统

【引导问题】

（1）XML 文件的概念是什么？

（2）如何创建 XML 文档？

（3）XML 文件如何解析？

（4）TreeView 控件如何显示数据？

9.2　技术与知识准备

9.2.1　XML 文件概述

XML 被称为可扩展标记性语言，是 eXtensible Markup Language 的缩写。在.NET 框架中 XML 是非常重要的一部分，它用于描述数据，是当前处理结构化文档信息的有力工具。

XML 技术应用广泛，在.NET 中执行大量的任务，包括描述应用程序的配置、在 Web 服务之间传输信息等。

XML 中的完整数据集就是 XML 文档。XML 文档可以是计算机上的物理文件，或是内存中的字符串。但是其本身必须是完整的，必须遵循一定的规则。XML 文档由许多不同的部分组成。其中最重要的部分是 XML 元素，它包含文档的实际数据。

【示例 9.1】用 XML 文件描述书本信息。

程序代码如下：

```
<?xml version="1.0" encoding="utf-8"?>
<books>
  <book>
    <title>C#面向对象程序设计</title>
    <author>谢云</author>
    <press>清华大学出版社</press>
  </book>
  <book>
    <title>C# 4.0 权威指南</title>
    <author>姜晓东</author>
    <press>机械工业出版社</press>
  </book>
</books>
```

分析：从上例可以总结出 XML 文件的结构和特点。

（1）XML 元素。XML 元素包含一个开标记（放在尖括号中的元素名称，比如<title>）、元素中的数据（如：C#面向对象程序设计）和闭标记（与开标记相同，但是在左括号后有一个斜线，</title>）。元素名称区分大小写，因此<book>和<Book>是不同的元素。元素也可以包含其他元素，如<book>元素中包含三个子元素。

（2）XML 声明。除了元素之外，XML 文档还可以包含许多组成部分，各个组成部分称为节点，节点是成对出现而且必须成对出现的，如<author>谢云</author>，其中 XML 声明存在于几乎所有的 XML 文档中，如果包括了它，它就必须是文档的第一个节点，如<?xml version="1.0" encoding="utf-8"?>。

（3）XML 文档的结构。XML 数据是分层组织的，有点类似于 Windows Explorer 中的文件夹和文件，用于描述数据的各个节点可以自由扩展，如书号、价格等。每一个文档必须有一个根元素，其中包含所有的元素和文本数据。如果在文档的顶级中有多个元素，该文档就是不合法的 XML 文档。但是可以在顶级包括其他 XML 节点——通常是 XML 声明。所以下面的 XML 文档是合法的：

```
<?xml version="1.0" encoding="utf-8"?>
<books>
  <book>C#面向对象程序设计</book>
  <book>C# 4.0 权威指南</book>
<book>C# WEB 数据库编程</book>
</books>
```

但是下面的文档就不合法：

```
<?xml version="1.0" encoding="utf-8"?>
<book>C#面向对象程序设计</book>
<book>C# 4.0 权威指南</book>
<book>C# WEB 数据库编程</book>
```

注意：XML 和 HTML 语法有什么区别？

（1）HTML 的标记不是所有的都需要成对出现，比如<p>、
。XML 要求所有的标记必须成对出现。

（2）HTML 的标记不区分大小写，XML 则相反。

（3）HTML 的标记是预定义的，XML 则没有任何预定义元素。

9.2.2 创建 XML 文档

前面介绍了 XML 的基本理论，接下来就可以创建 XML 文档。根据表 9.1 中关于中国地区划分的信息，在 VS 中创建 XML 文档。

表 9.1 中国地区划分信息

国家	省份	城市
中国	河北	石家庄
		保定
	山东	济南
		青岛
		聊城
	河南	郑州
		开封
		南阳

按照下面的步骤，创建 XML 文档。

（1）打开 VS，从菜单中选择 File→New File...（不需要打开项目）。

（2）在 New File 菜单中，选择 XML File，单击 Open，VS 会创建一个新的 XML 文档。如图 9.2 所示，VS 添加了 XML 声明，以 encoding 属性结束。

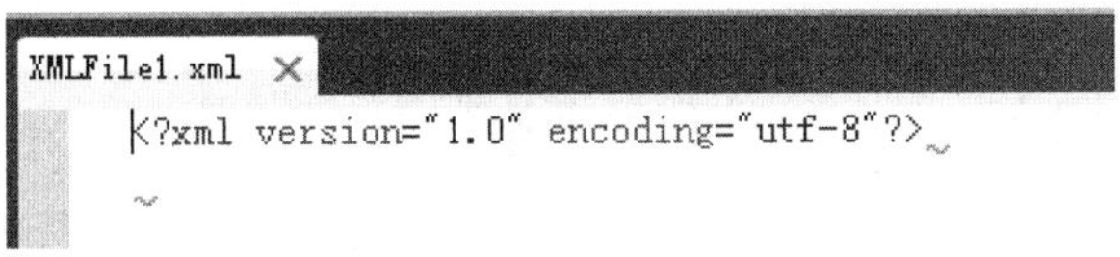

图 9.2 新建 XML 文件

（3）按下 Ctrl+S 组合键，保存文件。VS 会询问文件的保存位置以及文件的名称，将其保存在 chap09\教学演示示例\创建 XML 文档文件夹中，其名称为 Country.xml。

（4）将光标移动到 XML 声明下面的代码行，输入文本<world>。注意输入大于号，关闭开标记时，VS 自动置入结束标记。

（5）输入下面的 XML 文件：

```
<?xml version="1.0" encoding="utf-8"?>
<world>
  <country>中国</country>
  <province>河北</province>
  <citys>
    <city>石家庄</city>
    <city>保定</city>
  </citys>
  <province>山东</province>
  <citys>
    <city>济南</city>
```

```
            <city>青岛</city>
            <city>聊城</city>
        </citys>
        <province>河南</province>
        <citys>
            <city>郑州</city>
            <city>开封</city>
            <city>南阳</city>
        </citys>
    </world>
```

分析：除声明外，第一个节点为根节点，它描述整个国家信息。根节点下面是子节点。country 节点表示国家名称，province 是省份名称，citys 表示城市列表，该节点可以包括多个城市节点。遵循这种规范，只要将文档解析出来就能够显示这些地区信息。

9.2.3 解析 XML 文件

了解了 XML 文件中内容的结构层次关系，知道如何创建 XML 文档后，如何读取并分析 XML 文件呢？用示例 9.2 的程序解析 country.xml 文件。

【示例 9.2】解析 country.xml 文件。

程序代码如下：

```
static void Main(string[] args)
{
    XmlDocument myXml = new XmlDocument();
    myXml.Load("country.xml");                     //读取指定的 XML 文档
    XmlNode world = myXml.DocumentElement;         //读取 XML 的根节点
    foreach (XmlNode node in world.ChildNodes)     //对子节点进行循环
    {
    //将每个节点的内容显示出来
     switch (node.Name)
        {
            case "country":
            Console.WriteLine("国家：{0}", node.InnerText);
            break;
            case "province":
            Console.WriteLine("省份：{0}", node.InnerText);
            break;
            case "citys":
            Console.WriteLine("城市：");
            foreach (XmlNode childnode in node.ChildNodes)
            {
             Console.WriteLine("       {0}", childnode.InnerText);
             }
             break;
            }
     }
              Console.ReadLine();
}
```

程序运行结果如图 9.3 所示。

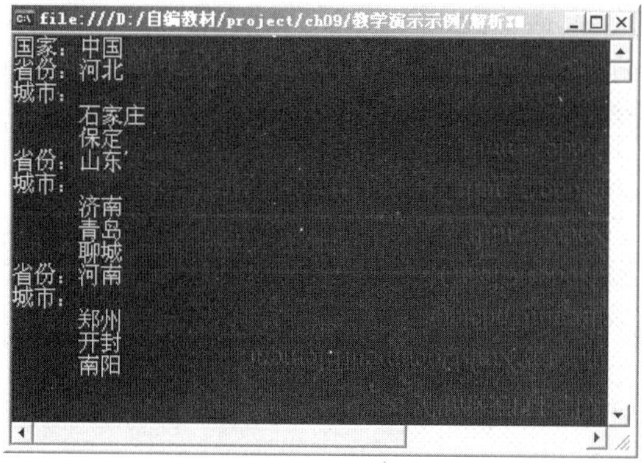

图 9.3　解析 XML

分析：从图 9.3 可以看出，示例 9.2 中的程序成功地解析了 country.xml 文档，这里来分析代码。

（1）XmlDocument 对象可表示整个 XML 文档，它使用 Load()方法将指定的 XML 文件读入 XmlDocument 对象，Load()方法的参数是 XML 文档的路径。属性 DocumentElement 用于获取 XML 文件的根节点。

（2）XmlNode 对象表示一个 XML 中的节点。ChildNodes 属性用于获取该节点下的所有子节点。节点的 Name 属性可以获取当前节点的名字，而节点的 InnerText 属性用于获取当前节点的值，操作 XML 的对象属性和方法见表 9.2。

表 9.2　操作 XML 的对象属性和方法

对象	属性和方法	说明
XmlDocument	DocumentElement 属性 ChildNodes 属性 Load()方法	获取根节点 获取所有子节点 读取整个 XML 的结构
XmlNode	InnerText 属性 Name 属性 ChildNodes 属性	当前节点的值 当前节点的名字 当前节点的所有子节点

9.2.4　用 TreeView 显示数据

解析完存储地区划分信息的 XML 文件，下一步需要将它们显示在中国部分地区划分界面上，由于地区划分的内容是明显的树状结构，所以用 TreeView 控件来展示。

【示例 9.3】用 TreeView 显示地区划分。

程序代码如下：

```
private void Form1_Load(object sender, EventArgs e)
{
    XmlDocument myXml = new XmlDocument();
    myXml.Load("Country.xml");
    XmlNode world = myXml.DocumentElement;
    this.tvCountry.BeginUpdate();
```

```
        tvCountry.Nodes.Clear();
        TreeNode countryNode = null;
        TreeNode provinceNode = null;
        TreeNode cityNode = null;
        foreach (XmlNode node in world.ChildNodes)
        {
            switch (node.Name)
            {
                case "country":
                    countryNode = new TreeNode(node.InnerText);
                    tvCountry.Nodes.Add(countryNode);
                    break;
                case "province":
                    provinceNode = new TreeNode(node.InnerText);
                    countryNode.Nodes.Add(provinceNode);
                    break;
                case "citys":
                    foreach (XmlNode childnode in node.ChildNodes)
                    {
                        cityNode = new TreeNode(childnode.InnerText);
                        provinceNode.Nodes.Add(cityNode);
                    }
                    break;
            }
        }
        tvCountry.EndUpdate();
        tvCountry.ExpandAll();
    }
```

程序运行结果如图 9.4 所示。

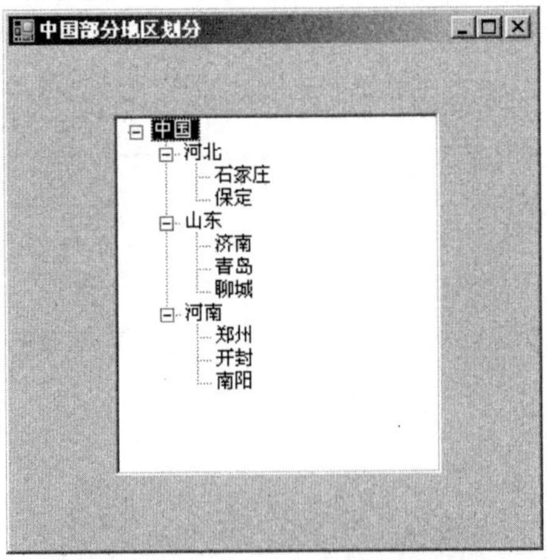

图 9.4　用 TreeView 显示地区划分

分析：通过本例，可以看出给 TreeView 添加节点用的是 Add()方法，具体分以下两种情况。

（1）创建一个 TreeNode 节点，添加根节点。

```
countryNode = new TreeNode(node.InnerText);
tvCountry.Nodes.Add(countryNode);
```

（2）创建一个 TreeNode 节点，添加子节点。

```
provinceNode = new TreeNode(node.InnerText);
countryNode.Nodes.Add(provinceNode);
```

经过总结，操作 TreeView 的一般方法还有：

（1）给选中的节点添加子节点。

```
tvCountry.SelectedNode.Nodes.Add(node);
```

（2）删除选定的节点。

```
tvCountry.SelectedNode.Remove();
```

（3）清空选中的节点的子节点。

```
tvCountry.SelectedNode.Nodes.Clear();
```

（4）清空 TreeView 控件的所有子节点。

```
tvCountry.Nodes.Clear();
```

TreeView 的属性和重要事件如表 9.3 所示。

表 9.3　TreeView 的属性和重要事件

属性	说明
Nodes	TreeView 控件中的所有树节点
SelectedNode	当前 TreeView 控件中选定的树节点，如果当前没有选定树节点，返回值为 null
事件	**说明**
AfterSelect	选定树节点之后发生

TreeNode 的属性如表 9.4 所示。

表 9.4　TreeNode 的属性

属性	说明
Text	节点显示的文本
Index	节点在所在集合的索引
Level	节点在树状菜单中的层级 0、1…
Tag	节点值
Nodes	节点的所有下一级子节点

注意：

（1）树状菜单的清空方法常用在更新树状菜单方法的最前面，这样可以保证节点不被重复加载。

（2）凡加载信息的控件一般都有一个先清空控件元素的预处理过程，比如常用来加载信息的 ListView。

9.2.5　用 ListBox 显示 XML 文件

【示例 9.4】使用 ListBox 显示数据。

【步骤 1】编写 XML 文件——class.XML。

```
<?xml version="1.0" encoding="utf-8"?>
<student>
      <class>软件 1113 班</class>
      <group>第一小组</group>
      <names>
            <name>小戴</name>
            <name>小张</name>
      </names>
      <group>第二小组</group>
      <names>
            <name>小陈</name>
            <name>小王</name>
      </names>
      <group>第三小组</group>
      <names>
            <name>小李</name>
            <name>小夏</name>
      </names>
      <group>第四小组</group>
      <names>
            <name>小鱼</name>
            <name>小狗</name>
      </names>
      <group>第五小组</group>
      <names>
            <name>夏雨</name>
            <name>小猫</name>
      </names>
      <group>第六小组</group>
      <names>
            <name>奥特曼</name>
            <name>猪八戒</name>
      </names>
</student>
```

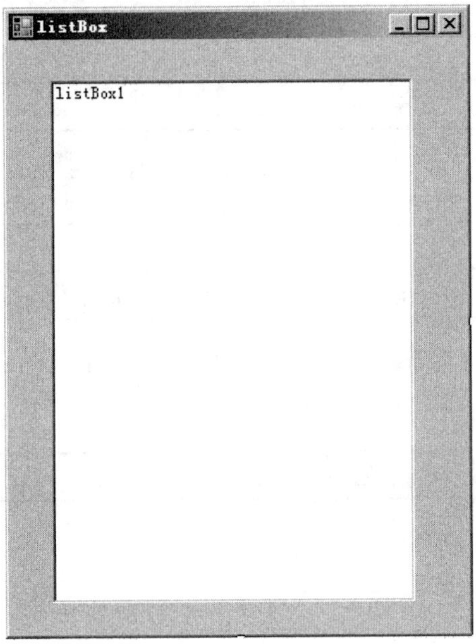

图 9.5　ListBox 显示 XML 界面

【步骤 2】设计界面如图 9.5 所示。

【步骤 3】关键代码，可以放在窗体加载事件中（Form_Load()）。

```
XmlDocument myXml = new XmlDocument();
myXml.Load("class.xml");
XmlNode student = myXml.DocumentElement;
foreach (XmlNode node in student.ChildNodes)
{
     switch (node.Name)
     {
         case "class":
         listBox1.Items.Add(node.InnerText);
         break;
```

```
            case "group":
            listBox1.Items.Add(node.InnerText);
            break;
            case "names":
            {
                foreach (XmlNode childnode in node.ChildNodes)
                {
                  //if (childnode.Name == "name")
                  listBox1.Items.Add(childnode.InnerText);
                }
            }
                break;
        }
    }
```

运行效果如图 9.6 所示。

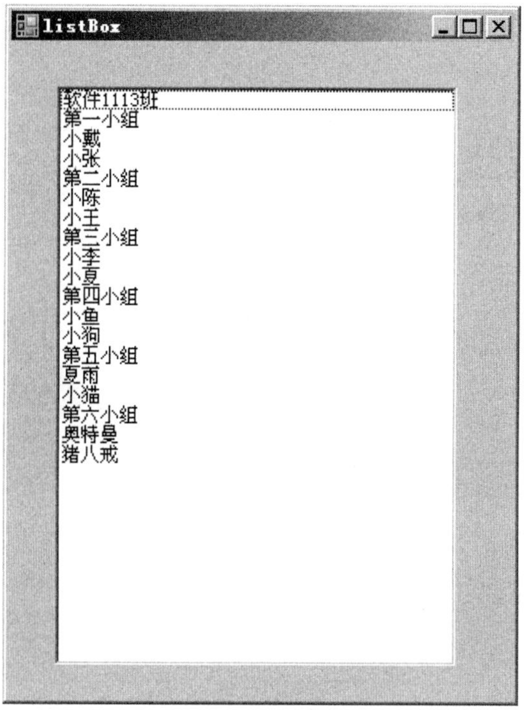

图 9.6　示例 9.4 运行效果

9.3　回到工作场景

通过 9.2 节内容的学习，应该理解了 XML 文件的概念，能够编写和解析 XML 文件、能够使用 TreeView 控件创建动态树状菜单。下面将回到 9.1 节中介绍的工作场景中，完成工作任务。

【步骤 1】新建一个 Windows 窗体应用程序，取名为 studentInfor。

【步骤 2】设计界面，见图 9.1。其控件的属性设置如表 9.5 所示。

表 9.5　界面控件属性设置

控件类型	控件名称	属性	属性值
Label	label1	Text	姓名
	label2	Text	性别
	label3	Text	年龄
TextBox	textBox1	Name	txtName
	textBox2	Name	txtSex
	textBox3	Name	txtAge
PictureBox	pictureBox1	Name	picStudent
Button	button1	Name	btnAdd
	button2	Name	btnSelect
	button3	Name	btnDel
TreeView	treeView1	Name	treesSudent

【步骤 3】创建 XML 文件——软件 1113.xml。

```
<?xml version="1.0" encoding="utf-8"?>
<student>
<class>软件 1113 班</class>
<group>第一小组</group>
<names>
<name>戴雄雄</name>
<sex>女</sex>
<age>20</age>
<name>朱雨晨</name>
<sex>男</sex>
<age>20</age>
<name>季昌民</name>
<sex>男</sex>
<age>20</age>
<name>张晓军</name>
<sex>男</sex>
<age>20</age>
<name>顾晨曦</name>
<sex>男</sex>
<age>20</age>
</names>
<group>第二小组</group>
<names>
<name>陈龙</name>
<sex>男</sex>
<age>20</age>
<name>郭汉盟</name>
<sex>男</sex>
```

```
<age>20</age>
<name>张慧文</name>
<sex>女</sex>
<age>20</age>
<name>周欣</name>
<sex>男</sex>
<age>20</age>
<name>鲁良敏</name>
<sex>女</sex>
<age>20</age>
</names>
<group>第三小组</group>
<names>
<name>毛亚林</name>
<sex>女</sex>
<age>20</age>
<name>陈美玲</name>
<sex>女</sex>
<age>20</age>
<name>徐炎</name>
<sex>女</sex>
<age>20</age>
<name>张月敏</name>
<sex>女</sex>
<age>20</age>
<name>施琪</name>
<sex>男</sex>
<age>20</age>
</names>
<group>第四小组</group>
<names>
<name>陈晓雯</name>
<sex>女</sex>
<age>20</age>
<name>史梦迪</name>
<sex>女</sex>
<age>20</age>
<name>王冬</name>
<sex>男</sex>
<age>20</age>
<name>王立晨</name>
<sex>男</sex>
<age>20</age>
<name>朱国争</name>
<sex>男</sex>
<age>20</age>
```

```
</names>
<group>第五小组</group>
<names>
<name>李欣欣</name>
<sex>女</sex>
<age>20</age>
<name>石鹏雯</name>
<sex>女</sex>
<age>20</age>
<name>戴文君</name>
<sex>女</sex>
<age>20</age>
<name>徐聪聪</name>
<sex>女</sex>
<age>20</age>
</names>
<group>第六小组</group>
<names>
<name>李文</name>
<sex>男</sex>
<age>20</age>
<name>陈飘</name>
<sex>女</sex>
<age>20</age>
<name>张家健</name>
<sex>男</sex>
<age>20</age>
<name>张叶丹</name>
<sex>女</sex>
<age>20</age>
<name>余良雨</name>
<sex>男</sex>
<age>20</age>
</names>
</student>
```

【步骤 4】编写关键代码。

```
private void studentInfor_Load(object sender, EventArgs e)
{
        XmlDocument myXml = new XmlDocument();
        myXml.Load("软件 1113.xml");
        XmlNode student = myXml.DocumentElement;
        this.treesSudent.BeginUpdate();
        this.treesSudent.Nodes.Clear();
        TreeNode classNode = null;
        TreeNode groupNode = null;
        TreeNode nameNode = null;
```

```
        foreach (XmlNode node in student.ChildNodes)
        {
            switch (node.Name)
            {
                case "class":
                classNode = new TreeNode(node.InnerText);
                treesSudent.Nodes.Add(classNode);
                break;
                case "group":
                groupNode = new TreeNode(node.InnerText);
                classNode.Nodes.Add(groupNode);
                break;
                case "names":
                foreach (XmlNode childnode in node.ChildNodes)
                {
                    if(childnode.Name=="name")
                    {
                      nameNode = new TreeNode(childnode.InnerText);
                      groupNode.Nodes.Add(nameNode);
                     }
                 }
                 break;
            }
        }
            treesSudent.EndUpdate();
            treesSudent.ExpandAll();
        }
private void treeView1_AfterSelect(object sender, TreeViewEventArgs e)
{   XmlDocument myXml = new XmlDocument();
    myXml.Load("软件 1113.xml");
    XmlNode student = myXml.DocumentElement;
    foreach (XmlNode node in student.ChildNodes)
    {
        if (node.Name == "names")
        {
        {
         foreach (XmlNode childnode in node.ChildNodes)
        {
        if(childnode.InnerText == treesSudent.SelectedNode.Text & childnode.Name == "name" &
childnode.ChildNodes.Count > 0)
        {
txtName.Text = treesSudent.SelectedNode.Text;
        txtSex.Text = childnode.NextSibling.InnerText;
        XmlNode agenode = childnode.NextSibling;
        txtAge.Text = agenode.NextSibling.InnerText;
        picStudent.Image = Image.FromFile("软件 1113-29/"+txtName.Text+".jpg");
```

```
                }
            }
        }
    }
}
}
```

运行结果如图 9.1 所示。

9.4 工作训练营

9.4.1 项目训练

1．训练内容

阅读表 9.6 中对程序员描述的信息，编写一个描述这些信息的 XML 文件，并通过 XSLT 技术将此 XML 文件转换为 HTML 文档。

表 9.6 程序员信息

姓名	工号	年龄	性别	人气值
王小毛	001	22	男	80
周新宇	002	24	女	100
艾编程	003	25	男	120

说明：XSLT 是一种将 XML 文档转换为其他文本文档的标记语言，XSLT 之于 XML，有点类似于 CSS 之于 HTML，虽然这个例子可能不是十分恰当。只不过 CSS 的目标是定义页面的展现形式、风格，XSLT 的目标则是将已有的 XML 文档转变为指定格式的目标文档。

XSLT 的转换过程会涉及三个文本文档：第 1 个是要处理的原始 XML 文档；第 2 个是 XSLT 样式表文档；第 3 个是 XSLT 处理后输出的文本文档。

2．训练目的

理解 XML 语言结构和特点，会编写 XML 文档，并通过 XSLT 技术实现文件的转换。

3．训练过程

【步骤 1】在 VS 中创建 Programmer.xml 文件，描述程序员信息。关键代码如下：

```
<?xml version="1.0" encoding="utf-8" ?>
<Programmers>
  <Programmer>
    <Name>王小毛</Name>
    <No>001</No>
    <Age>22</Age>
    <Gender>男</Gender>
    <Point>80</Point>
  </Programmer>
  <Programmer>
    <Name>周新宇</Name>
```

```
    <No>002</No>
    <Age>24</Age>
    <Gender>女</Gender>
    <Point>100</Point>
  </Programmer>
  <Programmer>
    <Name>艾编程</Name>
    <No>003</No>
    <Age>25</Age>
    <Gender>男</Gender>
    <Point>120</Point>
  </Programmer>
</Programmers>
```

【步骤 2】在 VS 中新建 Programmer.xslt 文件，提供转换所需的 XSLT 模板。关键代码如下：

```
<?xml version="1.0" encoding="utf-8"?>
<xsl:stylesheet version="1.0" xmlns:xsl="http://www.w3.org/1999/XSL/Transform"
    xmlns:msxsl="urn:schemas-microsoft-com:xslt" exclude-result-prefixes="msxsl">
    <xsl:output method="html" indent="yes"/>
    <xsl:template match="@* |node()">
     <html>
        <head>
          <title>程序员信息</title>
        </head>
        <body>
          <table  border="1" width="50%" align="center" cellspacing="0">
            <caption>程序员信息</caption>
              <tr bgcolor="blue">
              <td>姓名</td>
              <td>工号</td>
              <td>年龄</td>
              <td>性别</td>
              <td>人气值</td>
            </tr>
            <xsl:for-each select="//Programmer">
                                    //"//Programmer"会查找 XML 文档中的所有程序员节点
              <tr>
                <td>
                  <xsl:value-of select="Name"/>
                </td>
                <td>
                  <xsl:value-of select="No"/>
                </td>
                <td>
```

```
                    <xsl:value-of select="Age"/>
                  </td>
                  <td>
                    <xsl:value-of select="Gender"/>
                  </td>
                  <td>
                    <xsl:value-of select="Point"/>
                  </td>
                </tr>
              </xsl:for-each>
            </table>
          </body>
        </html>
      </xsl:template>
    </xsl:stylesheet>
```

【步骤 3】在 VS 中新建项目 XSLT，编写代码执行本次转换。关键代码如下：

```
using System.Xml.Xsl;
namespace XSLT
{
    class Program
    {
        static void Main(string[] args)
        {
            try
            {
                XslTransform trans = new XslTransform();
                trans.Load("Programmer.xslt");
                trans.Transform("Programmer.xml", "Programmer.html");
                Console.WriteLine("祝贺你！转换成功完成。");
                Console.ReadLine();
            }
            catch (Exception)
            {
                Console.WriteLine("转换出错，请检查。");
                throw;
            }
        }
    }
}
```

执行上述代码后，显示“祝贺你！转换成功完成。”则代表转换成功；在“XSLT\bin\Debug”目录下生成 Programmer.html 文件。

在浏览器中查看，如图 9.7 所示。

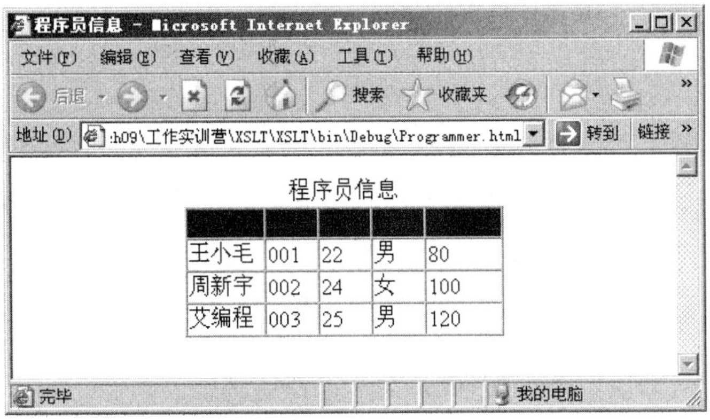

图 9.7 在浏览器中查看生成的 html 文件

4. 技术要点

XML 文件的编写、XSLT 模板文件的创建、执行 XSLT 转换的 C#代码编写。

9.4.2 工作实践常见问题解析

【问题 1】为什么在这里学习 XML 内容？

【答】XML 的应用已经非常广泛，而且非常重要。解析 XML 已经是程序员必备的技能，而且后续学习的一些配置文件都是 XML 格式，提前学习 XML 文件可为后续的学习奠定基础。

【问题 2】XML 是一种编程语言吗？

【答】XML 只是一种标记语言，不存在将 XML 文档转换为可执行的二进制代码的情况。

【问题 3】XmlNode 对象的属性 ChildNodes 表示当前节点的所有子节点，它是一个数组吗？

【答】不对，根据 MSDN 的解释："Returns a XMLNodes collection…"，它表示当前节点子节点的集合。

小结

XML 称为可扩展标记性语言，它主要用于描述数据，读取一个 XML 文档使用 XmlDocument 对象，XML 节点使用 XmlNode 对象表示。

XmlDocument 对象的 DocumentElement 属性可以获得 XML 文档的根，ChildNodes 属性获得所有子节点。

TreeView 用于显示具有层次结构的信息，主要属性有 Nodes 和 SelectedNode。Nodes 属性包含了 TreeView 顶级子节点集合；SelectedNode 表示当前选中的节点；TreeNode 表示 TreeView 的节点对象；Text 属性用于设置节点的文字描述，Tag 属性可以设置与节点相关的信息，通过 TreeNode 的 Add()方法可以给 TreeView 添加节点，Remove()方法可以移除指定的节点，Clear()方法可以移除指定节点下的所有节点。

本单元主要训练了 TreeView 和 ListBox 操作 XML 文件的方法，重点通过项目实战了 TreeView 操作 XML 数据的方法，后面将进一步通过实战项目训练学过的方法和技术，准备好了吗？

单元十

文件操作

单元要点

- 文件操作有关的类
- 文件系统的管理
- 文本文件的读写
- 序列化和反序列化的概念和功能

技能目标

- 能进行文件和文件夹操作
- 能读写文本文件
- 能使用序列化和反序列化保持和恢复对象状态

项目载体

- 工作场景项目：小型资源管理器——网上查询公司名称及产品价格
- 工作训练营项目：小型资源管理器——文件复制和删除功能

10.1 工作场景导入

【工作场景 1】

Windows 资源管理器功能强大，能以文件夹浏览窗口形式查看计算机资源，并能管理磁盘、文件夹和文件。试用文件和目录的常用操作，制作小型资源管理器，功能如图 10.1 所示，在左侧的树状菜单显示 D 盘下所有的目录，单击菜单项，如果该项所表示的目录含有子目录，则继续展开此目录的子目录，若不含子目录，则将该目录中所有文件的基本信息显示在窗体右侧的 ListView 上。

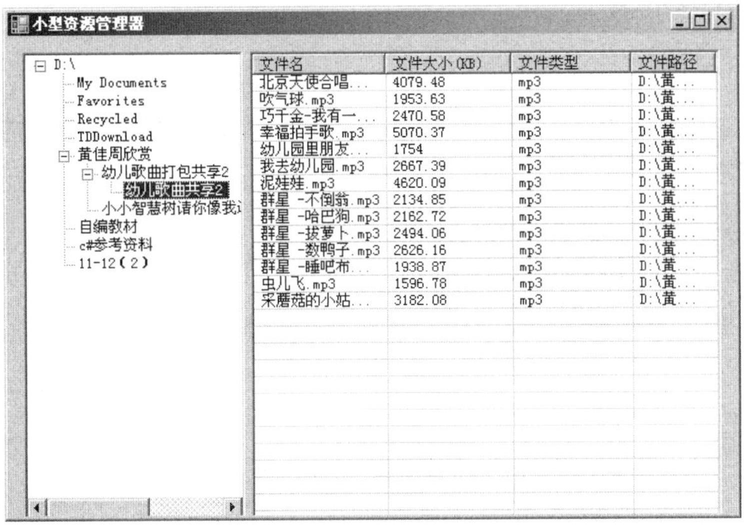

图 10.1　小型资源管理器

【工作场景 2】

小张打算在淘宝网上买一台西门子电话机，他找到店铺并通过旺旺和店主联系，请对方帮忙查询是否有货。请利用序列化和反序列化的知识，为店主设计一个控制台应用程序，保存已有的电话机信息，并能根据用户需要的厂商名称进行查询，反馈给小张相应信息，如图 10.2 所示。

图 10.2　电话机信息查询界面

【引导问题】

（1）文件操作的类？

（2）文件系统的管理的实现？

（3）子类构造函数的实现？

（4）序列化和反序列化的实现？

10.2　技术与知识准备

10.2.1　文件操作的类

在 Visual C# 2010 中，有很多与文件操作有关的类，它们位于 System.IO 命名空间中，使用这些类时，必须先引入 System.IO 命名空间，代码如下：

```
using System.IO;
```

表 10.1 列出了这些与文件操作有关的且经常使用的类，并给出了这些类的相关说明。具体的使用示例将在本章后面的内容中详细介绍。

表 10.1　文件操作的常用类

文件操作的常用类	说明
File	提供用于创建、复制、删除、移动和打开文件的静态方法，并可协助创建 FileStream 对象
FileInfo	提供用于创建、复制、删除、移动和打开文件的实例方法，并可协助创建 FileStream 对象
Directory	提供用于创建、移动和检索文件夹与子文件夹的静态方法
DirectoryInfo	提供用于创建、移动和检索文件夹与子文件夹的实例方法
Path	提供用于操作路径的静态方法
FileStream	文件流，用于对文件进行打开、读取、写入和关闭等操作
StreamReader	专用于打开文本文件
StreamWriter	专用于写入文本文件

【示例 10.1】使用文件操作类来完成编辑器。

具体实现步骤如下：

【步骤 1】设计程序界面，如图 10.3 所示。

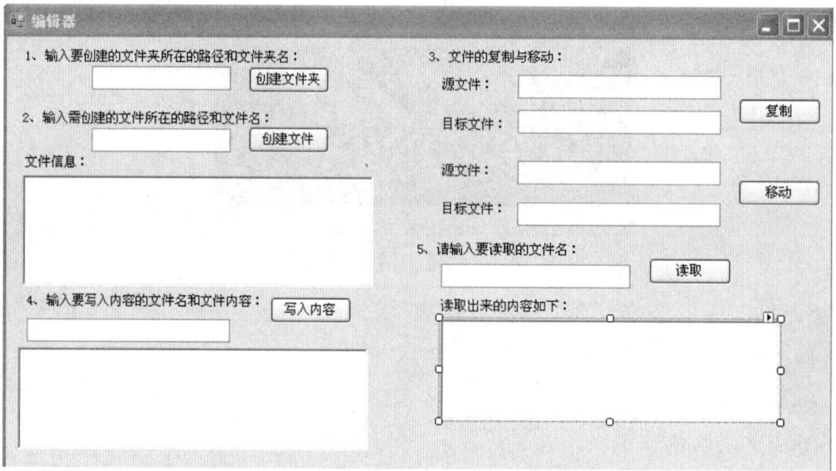

图 10.3　程序界面

【步骤 2】引入命名空间，代码如下：

```
using System.IO;
```

【步骤 3】双击“创建文件夹”按钮，编写其单击事件，代码如下：

```
private void btnCreate_Click(object sender, EventArgs e)
{
  string dir;
    try
```

```
    {
        dir = txtDir.Text;
        if (!Directory.Exists(dir))
        {
            //Directory.CreateDirectory(dir);
            DirectoryInfo dire = new DirectoryInfo(dir);
            dire.Create();
            MessageBox.Show("创建成功！请查看");
        }
        else
        {
            MessageBox.Show("此文件夹已存在！");
        }
    }
    catch
    {
        MessageBox.Show("请输入要创建的文件夹名！");
        txtDir.Focus();
    }
}
```

单击运行后，输出效果如图 10.4 所示。

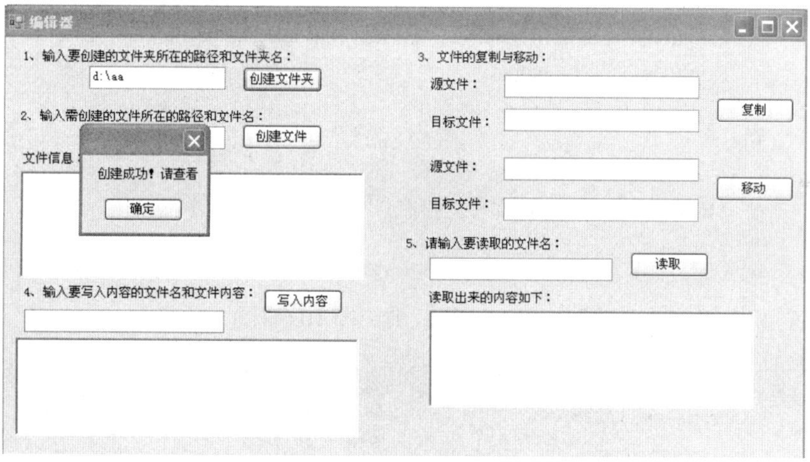

图 10.4　创建文件夹

在 D 盘中多了一个 aa 的文件夹，如图 10.5 所示。

图 10.5　创建文件夹后的运行效果

说明： Directory 类和 DirectoryInfo 类是用于创建、移动和检索文件夹与子文件夹的方法，两者能完成相同的工作。但两者是有本质区别的，Directory 类提供的是一些静态方法；而 DirectoryInfo

类提供的是实例方法。

创建文件夹有两种方法，第一种方法使用 Directory 类的 CreateDirectory 方法，如：dir = txtDir.Text;Directory.CreateDirectory(dir); 第二种方法使用 DirectoryInfo 类的 Create 方法，如：DirectoryInfo dire = new DirectoryInfo(dir); dire.Create()。

Exists方法用于判断文件夹是否存在，返回值为一个bool常量。其语法格式为：Directory.Exists(<文件夹路径及名称>)，如：Directory.Exists(dirPath)。

【步骤 4】双击“创建文件”按钮，编写其单击事件代码如下：

```
Private void btncreate_Click(object sender, eventargs e)
{
String output = "文件信息：\r\n";
        String file1;
        File1 = txtcreate.Text;
        If (!File.Exists(file1))
        {
            //File.Create(file1);
            Fileinfo fl = new fileinfo(file1);
            Fl.Create();
            Messagebox.Show("创建成功！请查看");
            Output += "\t 文件名：" + file1 + "\r\n";
            Output += "\t 创建时间：" + File.getcreationtime(file1) + "\r\n";
            Output += "\t 最后修改时间：" + File.getlastwritetime(file1) + "\r\n";
            Output += "\t 最后访问时间：" + File.getlastaccesstime(file1) + "\r\n";
            Rtxtfileinfo.Text = output;
        }
        Else
        {
            Messagebox.Show("此文件已存在！");
        }
}
```

运行程序，单击“创建文件”按钮，运行效果如图 10.6 所示。

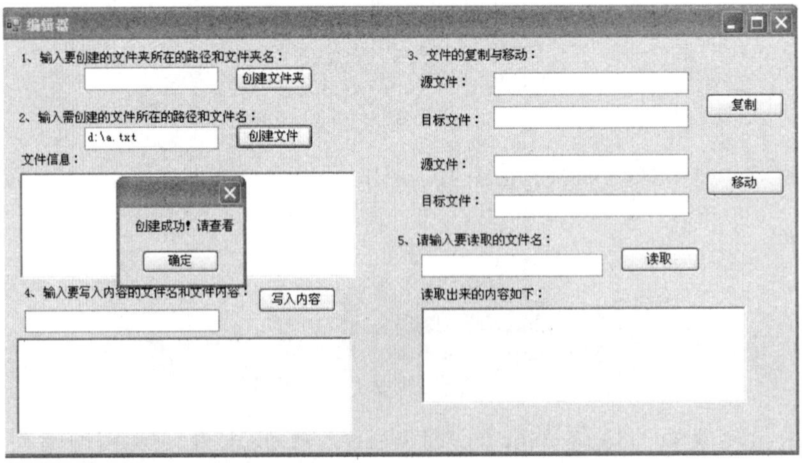

图 10.6　创建文件

单击确定后，运行结果如图 10.7 所示。

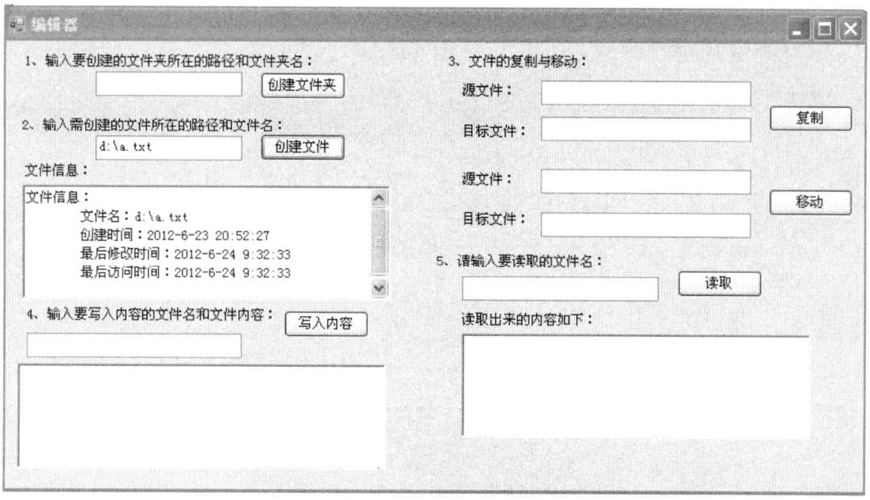

图 10.7 创建文件后的运行效果

说明：File 类和 FileInfo 类的功能类似，都可以完成对文件的复制、移动、删除等操作。不同的是，File 类在使用方法时不需要实例化，而是直接使用类名.方法()的方式调用，而使用 FileInfo 类必须实例化对象。

创建文件有两种方法，第一种方法是使用 File 类的 Create()方法，如：file1 = txtCreate.Text; File.Create(file1);第二种方法是使用 FileInfo 的 Create()方法，如：FileInfo fl = new FileInfo(file1); fl.Create();

File 类的 GetCreationTime 方法获取创建时间，GetLastWriteTime 方法获取最后修改时间，GetLastAccessTime 方法获取最后访问时间。

【步骤 5】运行程序，单击“复制”按钮，编写其单击事件代码如下：

```
private void btnCopy_Click(object sender, EventArgs e)
{
    try
    {
        string source, destination;
        destination = txtDest.Text;
        source = txtSource.Text;
        //File.Copy(source, destination);
        File.Copy(source, destination, true);
        MessageBox.Show("复制成功！请查看");
    }
    catch
    {
        MessageBox.Show("源文件夹或目标文件夹不存在，请查看！");
    }
}
```

运行程序，单击“复制”按钮，运行效果如图 10.8 所示。

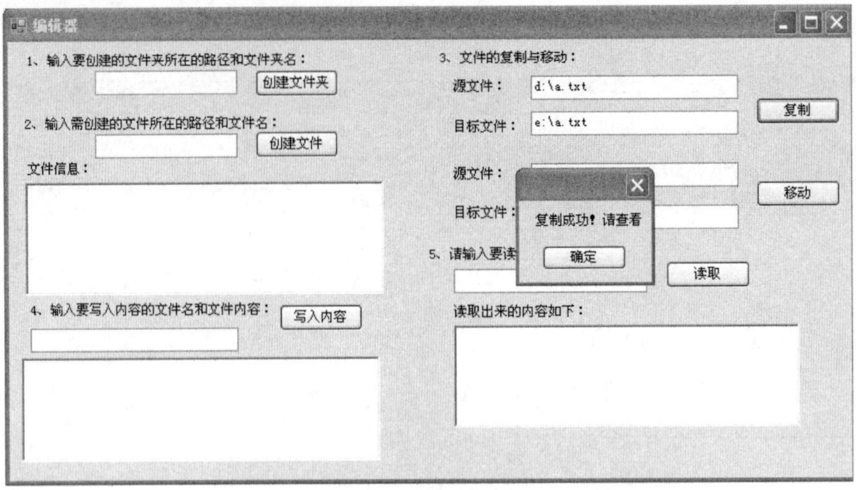

图 10.8　复制文件

在 E 盘多了个 a.txt 文件，效果如图 10.9 所示。

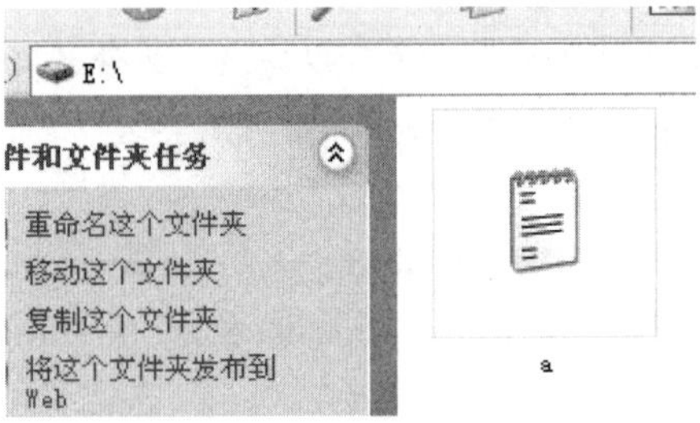

图 10.9　复制运行效果

说明：文件的复制使用 File 类的 Copy 方法，语法格式：File.Copy(源文件路径及文件名，目标文件路径及文件名，[是否覆盖目标文件])，是否覆盖目标文件为一个逻辑值，即 true 或 false，为 true 时表示覆盖目标文件，为 false 时表示不覆盖目标文件；若复制的目的路径中存在该文件，则抛出异常。

【步骤 6】运行程序，单击“移动”按钮，编写其单击事件代码如下：

```
private void btnMove_Click(object sender, EventArgs e)
{
    string source1, destination1;
    destination1 = txtMoveDes.Text;
    source1 = txtMoveSour.Text;
    File.Move(source1, destination1);
    MessageBox.Show("移动成功！请查看");
}
```

说明：文件的移动使用 File 类的 Move 方法，语法格式：File.Move(源文件路径及文件名，目标文件路径及文件名)。

【步骤 7】运行程序，单击“写入内容”按钮，编写其单击事件代码如下：

```
private void btnWriteFile_Click(object sender, EventArgs e)
{
```

```
string path = txtWrFile.Text;
string content = rtxtWrite2.Text;
if (path=="")
 {
   MessageBox.Show("文件路径不能为空");
   return;
  }
   try
   {
    //创建文件流
     FileStream myfs = new FileStream(path, FileMode.Create);
     //创建写入器
     StreamWriter mySw = new StreamWriter(myfs);
      //将录入的内容写入文件
      mySw.Write(content);
      //关闭写入器
      mySw.Close();
      //关闭文件流
      myfs.Close();
      MessageBox.Show("写入成功");
     }
     catch (Exception ex)
     {
       MessageBox.Show(ex.Message);
     }
}
```

运行程序，单击“写入内容”按钮，运行效果如图 10.10 所示。

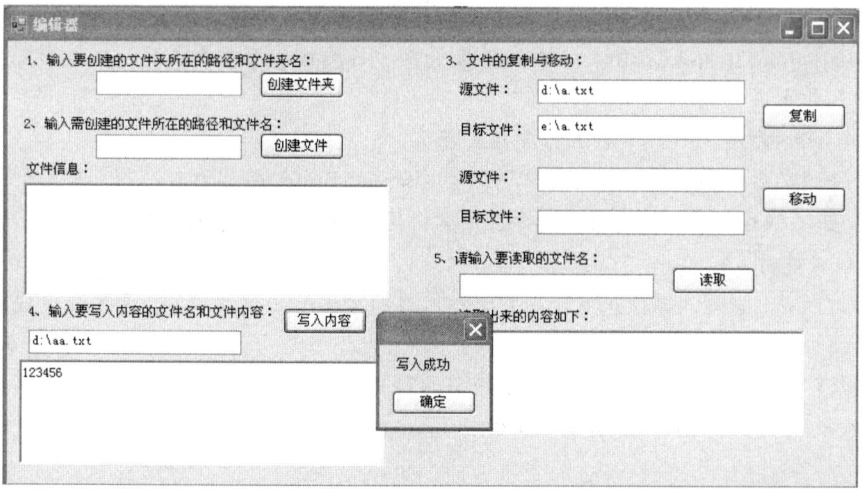

图 10.10　写入内容

打开 D 盘 aa.txt，效果如图 10.11 所示。

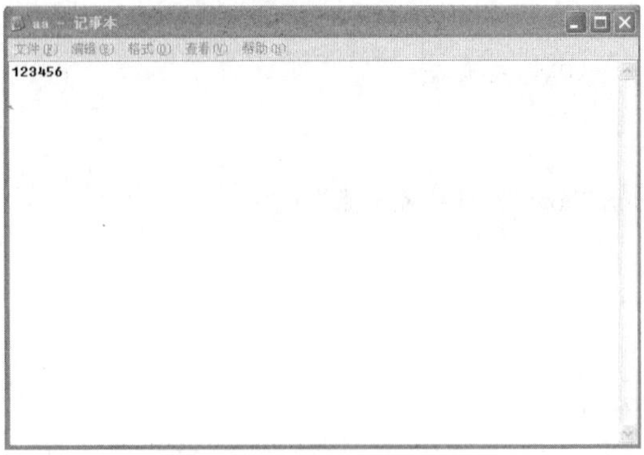

图 10.11　打开 aa.txt 的效果

说明：流（Stream）是一个抽象类，它同样也位于 System.IO 命名空间中，Stream 类有一些派生类，例如表示文件流的 FileStream 类。通俗地讲，流是一个用于传输数据的对象，数据的传输一般有两个方向：数据从外部源传输到程序中，这种流称为读取流；数据从程序中传输到外部源，这种流称为写入流。

流一般具有以下几个基本操作：读（Read）操作，读出流对象中的数据，并把它存放到另外一个数据结构中；写（Write）操作，从另外一种数据结构中读取数据并存放到流对象中；搜索（Seek）操作，从流中的当前位置开始搜索定位到指定的位置。

读写文件的第一步是创建一个文件流，它主要用于读写文件中的数据，在创建一个文件流时，需要在它的构造函数中指定参数。语法：FileStream 文件对象=new FileStream(string FilePath,FileMode);其中 FilePath 用于指定要操作的文件，而 FileMode 指定打开文件的模式，它是一个枚举类型，具体如下所示：

Create：用指定的名称新建一个文件。如果文件存在，则改写旧文件。

CreateNew：新建一个文件。如果文件存在会发生异常，提示文件已经存在。

Open：打开一个文件，使用这个枚举值时，指定的文件必须存在，否则会发生异常。

OpenOrCreate：OpenOrCreate 与 Open 成员类似，只是如果文件不存在，则用指定的名称新建一个文件并打开它。

Append：打开现有文件，并在文件尾追加内容。

创建文件流之后，要创建读取器或者写入器，StreamWriter 类称为写入器，它用于将数据写入文件流，只要将创建好的文件流传入，就可以创建它的实例，语法：StreamWriter mySw=new StreamWriter(文件对象)。

需要注意的是，当写入器使用完毕，关闭写入器的方法是必须调用的；否则会出现要写入的内容无法写入文件的情况。

【步骤 8】运行程序，单击“读取”按钮，编写其单击事件代码如下：

```
private void btnRead_Click(object sender, EventArgs e)
{
        //打开
        string path = txtFile.Text;
        if (path=="")
        {
            return;
```

```
        }
        //检测是否是文本文件（以.txt 结尾）
        string fileName = path.Substring(path.LastIndexOf("."));
        if (!fileName.Equals(".txt"))
        {
            MessageBox.Show("请选择文本文件!", "提示");
            return;
        }
        string content;
        try
        {
            //创建文件流
            FileStream myfs = new FileStream(path, FileMode.Open);
            //创建读取器
            StreamReader mySr = new StreamReader(myfs);
            //读取文件所有内容
            content = mySr.ReadToEnd();
            rtxtWrite.Text = content;
            //关闭读取器
            mySr.Close();
            //关闭文件流
            myfs.Close();
        }
        catch (Exception ex)
        {
            MessageBox.Show(ex.Message);
        }
    }
```

运行程序，单击“读取”按钮，运行效果如图 10.12 所示。

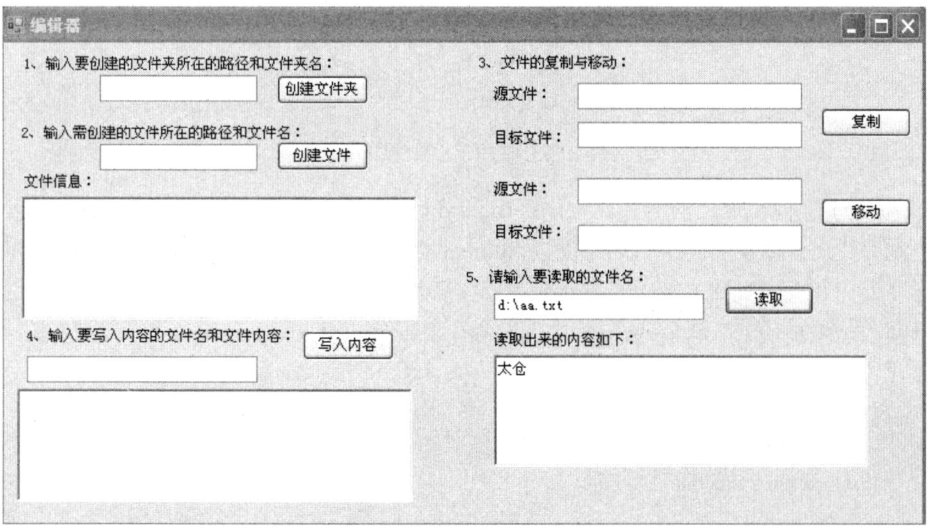

图 10.12　读取文本文件

说明：StreamReader 主要用于读取流中的数据，它主要包含以下几种方法。

- StreamReader.ReadLine()：读取文件流中的一行数据，并返回字符串。
- StreamReader.ReadToEnd()：从当前位置读到末尾，返回字符串。
- StreamReader.Close()：用于关闭读取器。

通过上面实例，不难总结出用 C#程序读写一个文本文件需要以下五个基本步骤。

（1）创建文件流。

（2）创建阅读器或者写入器。

（3）执行读写操作。

（4）关闭阅读器或者写入器。

（5）关闭文件流。

10.2.2 序列化和反序列化

大家都知道，程序运行过程中所创建的对象都位于内存中，当程序运行结束，对象的生命周期就结束了。如果能将对象的信息保存下来，下次程序启动读取这些信息将还原这些对象，使它们保持与上次结束时相同的状态。典型的例子如单击游戏中常见的进度保存功能，本次游戏半途中止，只需要保存进度，下次启动还可以继续。可以通过序列化和反序列化的方式简单快捷地实现这种效果。

所谓序列化，就是将对象先转换为一种适当格式，然后再将其传输到目标位置的过程。所谓适当格式，有时候需要是二进制格式，有时候需要 SOAP 格式或者其他的 XML 格式，也可以是应用程序所特有的、定制化的格式。因此，可以将序列化视为将对象的状态保存到流或缓冲区的方法。与序列化相反的就是反序列化，就是把对象或数据从序列化的状态恢复为其原始状态的过程，如图 10.13 所示。

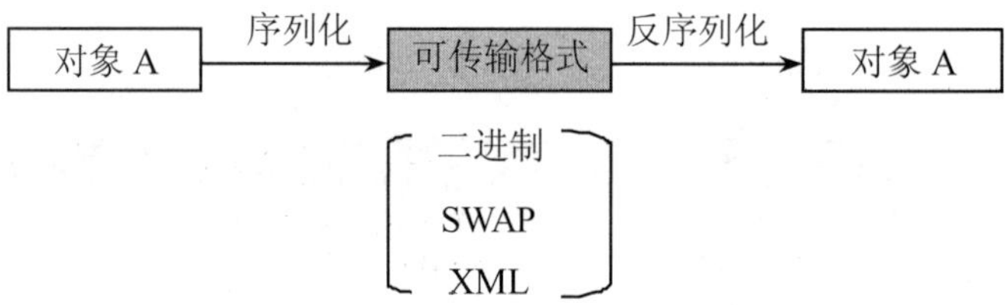

图 10.13 序列化和反序列化

.NET 提供了三种预定义的格式化程序：BinaryFormatter、SoapFormatter、XmlSerializer，目前使用二进制方式对泛型支持得最好。下面以 Student 类为例，使用 BinaryFormatter 方式实现对一个对象进行序列化和反序列化。

【示例 10.2】使用 BinaryFormatter 进行序列化和反序列化。

程序代码如下：

```
//Student 类
    [Serializable]
    public class Student
    {
        public Student() { }
```

```
public Student(string name, int age, string hobby)
{
    this.Name = name;
    this.Age = age;
    this.Hobby = hobby;
}
// 姓名
private string name;
public string Name
{
    get { return name; }
    set { name = value; }
}
//年龄
[NonSerialized]
private int age;
public int Age
{
    get { return age; }
    set
    {
        //属性是聪明的字段
        if (value > 0 && value < 100)
        {
            age = value;
        }
        else
        {
            age = 18;
        }
    }
}
//爱好
private string hobby;
public string Hobby
{
    get { return hobby; }
    set { hobby = value; }
}
//方法
public override string ToString()
{
    StringBuilder builder = new StringBuilder();
    builder.Append("Name:" + Name + "\n");
    builder.Append("Age:" + Age + "\n");
    builder.Append("Hobby:" + Hobby + "\n");
```

```
                return builder.ToString();
            }
        }
    //Program.cs
    namespace MySerializable
    {
    public class Program
        {
            static void Main(string[] args)
            {
                Student student = new Student();
                student.Name = "张三";
                student.Age = 23;
                student.Hobby = "足球，篮球，排球";
                Console.WriteLine(student.ToString());
                MyClass myClass = new MyClass();
                myClass.Save(student);
                Student student2=myClass.Load();
                Console.WriteLine(student2.ToString());
                Console.ReadLine();
             }
         }
            public class MyClass
            {
               //序列化方法
                public void Save(Student student)
                {
                 FileStream fs = new FileStream("student.bin", FileMode.Create);
                 BinaryFormatter bf = new BinaryFormatter();
                 bf.Serialize(fs, student);
                 fs.Close();
                }
                //反序列化方法
                public Student Load()
                {
                    Student student;
                    FileStream fs = new FileStream("student.bin", FileMode.Open);
                    BinaryFormatter bf = new BinaryFormatter();
                    student = (Student)bf.Deserialize(fs);
                    fs.Close();
                    return student;
                }
            }
    }
```

程序运行结果如图 10.14 所示。

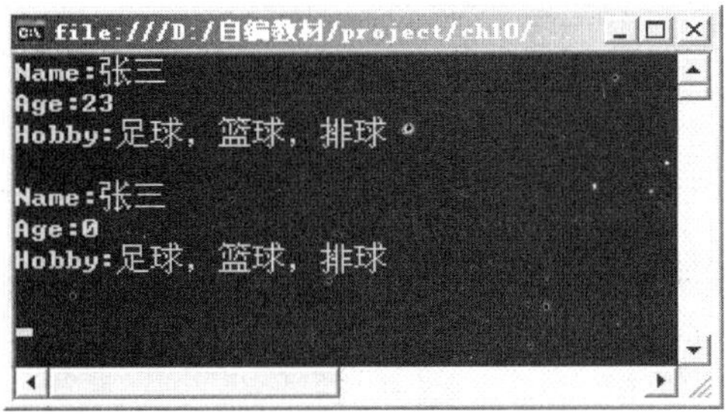

图 10.14　序列化和反序列化运行结果

说明： Student 类的头部加一个标记[Serializable]，表明该类可序列化。Age 属性前使用[NonSerialized]，表明该属性不序列化，从运行结果也可以看出，除 Age 字段外，其他的值全部被序列化了。

Program.cs 中首先引入这样一个命名空间：

```
using System.Runtime.Serialization.Formatters.Binary;
```

编写 Save()方法和 Load()方法，通过类 BinaryFormatter 分别实现序列化和反序列化，具体步骤如下：

序列化：

```
FileStream fs = new FileStream("student.bin", FileMode.Create);//定义文件流
BinaryFormatter bf = new BinaryFormatter();//二进制方式
bf.Serialize(fs, student);//序列化存储对象
```

反序列化：

```
FileStream fs = new FileStream("student.bin", FileMode.Open);
BinaryFormatter bf = new BinaryFormatter();
student = (Student)bf.Deserialize(fs);//将存储介质的数据文件流转换为 Object
```

10.3　回到工作场景 1

通过 10.2 节内容的学习，应该了解了文件操作的常用类，能实现文件和目录的常用操作。下面将回到 10.1 节中介绍的工作场景 1 中，完成工作任务。

【工作过程一】

【步骤 1】新建一个名为“MyExplore”的 Windows 应用程序。

【步骤 2】添加一个文件信息类（MyFile）用来存储文件信息。MyFile 类的属性如表 10.2 所示。

表 10.2　MyFile 类的属性

属性	类型	说明
FileLength	float	文件长度，以 KB 为单位
FileName	string	文件名
FilePath	string	文件路径
FileType	string	文件类型

【步骤 3】编写关键代码。

```
public class MyFile
{
    //文件名
    private string fileName;
    public string FileName
    {
        get { return fileName; }
        set { fileName = value; }
    }
     //文件类型
    private string fileType;
    public string FileType
    {
        get { return fileType; }
        set {
            if (value.Length > 1)
            {
                fileType = value.Substring(1, value.Length - 1);
            }
        }
    }
     //文件大小
    private float fileLength;
    public float FileLength
    {
        get { return fileLength; }
        set {
            //将字节大小转换为 KB 为单位
            fileLength = float.Parse(Math.Round(value/1024, 2).ToString());
        }
    }
     //文件路径
    private string filePath;
    public string FilePath
    {
        get { return filePath; }
        set { filePath = value; }
    }
}
```

【工作过程二】

【步骤 1】设计程序界面，添加 TreeView 控件和 ListView 控件，如图 10.15 所示。

图 10.15　程序界面

【步骤 2】窗体加载事件中加载盘符。自定义方法 LoadDrives() 加载驱动器，关键代码如下：

```
private void LoadDrives()
{
    TreeNode driver = new TreeNode();
    driver.Text = "D:\\";
    driver.Tag = "D:\\";
    this.tvExplore.Nodes.Add(driver);
}
```

【步骤 3】读取目录下的子目录信息。操作目录可以用 Directory 类和 DirectoryInfo 类。由于资源管理器中的目录需要多次使用，所以优先选择 DirectoryInfo 类获取 D 盘下的所有目录，并将目录信息显示在 TreeView 树状菜单中。

【步骤 4】编写关键代码。

```
DirectoryInfo directoryInfo = new DirectoryInfo(node.Tag.ToString());
DirectoryInfo[] dirs = directoryInfo.GetDirectories();
foreach (DirectoryInfo di in dirs)
{
    TreeNode temp = new TreeNode();
    temp.Text = di.Name;
    temp.Tag = di.FullName;
    //keys 是一个字符串型泛型集合，保存已绑定至 TreeView 中的子目录路径值
    if (!keys.Contains(temp.Tag.ToString()))
    {
        keys.Add(temp.Tag.ToString());
        node.Nodes.Add(temp);
    }
}
```

（1）读取目录下的文件信息。关键代码如下：

```
//获取目录下的文件列表，directoryInfo 是目录对象
FileInfo[] fileInfo = directoryInfo.GetFiles();
```

```
//定义泛型集合存储文件信息
List<MyFile> files = new List<MyFile>();
//遍历文件列表
foreach (FileInfo myFile in fileInfo)
{
    MyFile file = new MyFile();
    file.FileName = myFile.Name;
    file.FileLength = myFile.Length;
    file.FileType = myFile.Extension;
    file.FilePath = myFile.FullName;
    files.Add(file);
}
```

（2）文件信息绑定至 ListView。关键代码如下：

```
ListViewItem item = null;
lvFiles.Items.Clear();
foreach (MyFile file in files)
{
    item = new ListViewItem();
    item.Text = file.FileName;
    item.SubItems.Add(file.FileLength.ToString());
    item.SubItems.Add(file.FileType);
    item.SubItems.Add(file.FilePath);
    this.lvFiles.Items.Add(item);
}
```

程序运行结果如图 10.1 所示。

10.4 回到工作场景 2

通过 10.3 节内容的学习，应该理解了序列化和反序列化的概念，能使用序列化和反序列化保持和恢复对象。下面将回到 10.1 节中介绍的工作场景 2 中，完成工作任务。

【工作过程一】

【步骤 1】新建一个名为“MySerializable”的控制台应用程序。

【步骤 2】添加一个电话机类（Telephone），属性有：价格（Price），产地（ProductPlace），品牌厂商（Producer），并标记为可序列化。

【步骤 3】编写关键代码。

```
[Serializable]
public class Telephone
{
    public int Price { get; set; }
    public string ProductPlace { get; set; }
    public string Producer { get; set; }
    public Telephone(int price, string productPlace, string producer)
    {
        this.Price = price;
```

```
            this.ProductPlace = productPlace;
            this.Producer = producer;
        }
    }
```

【工作过程二】

【步骤 1】在 Program.cs 中自定义一个名为 MyClass 的类，其中编写序列化方法 Save()和反序列化方法 Load()。

【步骤 2】编写代码。

```
public class MyClass
{
    public List<Telephone> Tels;//定义泛型集合 Tels，保存电话机信息

    public void Save()
    {
        FileStream fs = new FileStream("tele.bin", FileMode.Create);
        BinaryFormatter bf = new BinaryFormatter();
        bf.Serialize(fs, Tels);
        fs.Close();
    }
    public void Load()
    {
        FileStream fs = new FileStream("tele.bin", FileMode.Open);
        BinaryFormatter bf = new BinaryFormatter();
        Tels = (List<Telephone>)bf.Deserialize(fs);
        fs.Close();
    }
}
```

（1）在 Main()方法中初始化 Telephone 对象，并加入泛型集合中。关键代码如下：

```
List<Telephone> tels = new List<Telephone>();
tels.Add(new Telephone(200, "德国", "西门子"));
tels.Add(new Telephone(200, "广州", "美的"));
tels.Add(new Telephone(200, "广州", "三菱"));
```

（2）调用 Save()和 Load()方法，实现序列化和反序列化。

（3）输入厂商名称，检索序列化文件中的对象，如果检索得到，则显示电话机详细信息，若检索不到，显示“没有找到任何信息”。关键代码如下：

```
string producer = Console.ReadLine();
bool find = false;
foreach (Telephone tel in myClass.Tels)
 {
    if (tel.Producer == producer)//找到了厂商
     {
      Console.WriteLine("{0}的产地是{1}，价格是{2}", producer, tel.ProductPlace, tel.Price);
     Console.ReadLine();
     find = true;
          break;
```

```
            }
        }
        if (!find)
        {
            Console.WriteLine("没有找到任何信息");
        }
    }
```

程序运行结果如图 10.2 所示。

10.5 工作实训营

10.5.1 训练实例

1. 训练内容

（1）完善小型资源管理器，实现文件复制。支持用户从“浏览文件夹”对话框选定目标位置。

（2）完善小型资源管理器，实现文件删除功能。

运行效果如图 10.16 和图 10.17 所示。

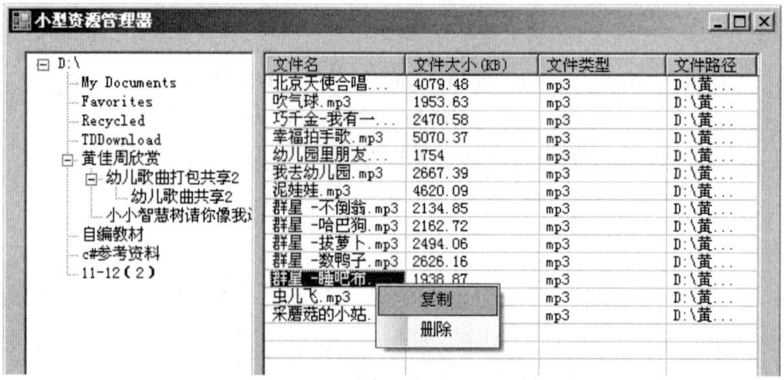

图 10.16　右键实现文件复制、删除

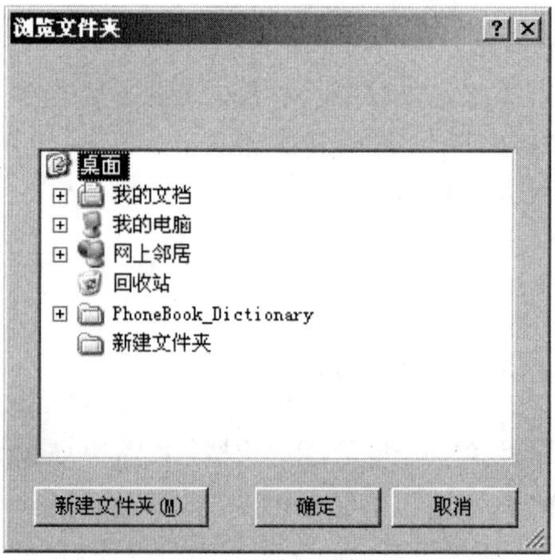

图 10.17　选定文件移动到目标位置

2. 训练目的

理解 File 类的功能，重点掌握 Copy()和 Delete()方法的使用。能使用 FolderBrowserDialog 类浏览文件夹，选定文件复制的目标位置。

3. 训练过程

（1）在右键快捷菜单“复制”的单击事件中实现文件移动。浏览文件夹对话框使用 FolderBrowserDialog 类。文件复制使用 File 类的 Copy()方法。关键代码如下：

```
//拷贝文件
private void tisiCopy_Click(object sender, EventArgs e)
{
    if (this.lvFiles.SelectedItems.Count == 0)
    {
        return;
    }
    //提示用户选择目标文件夹
    FolderBrowserDialog fbd = new FolderBrowserDialog();
    DialogResult result = fbd.ShowDialog();
    //源文件路径
    string sourcePath = lvFiles.SelectedItems[0].SubItems[3].Text;
    //目标文件路径
    string desPath = null;
    //如果正确选择目标位置，执行复制操作
    if (result == DialogResult.OK)
    {
        desPath = fbd.SelectedPath;
        //lvFiles 表示显示文件信息的 ListView 对象
        desPath += "\\" + lvFiles.SelectedItems[0].SubItems[0].Text;
        //复制文件
        File.Copy(sourcePath, desPath);
        MessageBox.Show("复制成功！");
    }
}
```

（2）在右键快捷菜单“删除”的单击事件中实现文件删除功能，并刷新 ListView 显示。关键代码如下：

```
private void tsmiDel_Click(object sender, EventArgs e)
{
    if (this.lvFiles.SelectedItems.Count == 0)
    {
        return;
    }
    //要删除的文件
    string sourcePath = lvFiles.SelectedItems[0].SubItems[3].Text;
    DialogResult result = MessageBox.Show("确定要删除吗?", "警告", MessageBoxButtons.OKCancel,
MessageBoxIcon.Warning);
    if (result == DialogResult.OK)
    {
```

```
            File.Delete(sourcePath);
            MessageBox.Show("删除成功!");
        }
        //刷新一下
        this.lvFiles.SelectedItems[0].Remove();
    }
```

4. 技术要点

File 类的操作，浏览文件夹对话框 FolderBrowserDialog 类的使用。

10.5.2 工作实践常见问题解析

【问题 1】既然 File 类、FileInfo 类都能操作文件，同样 Directory 类、DirectoryInfo 类都能操作目录，使用时如何取舍呢？

【答】由于 File 类的静态方法在使用时都会进行安全检查，所以如果想要多次使用某个文件对象，可以考虑使用 FileInfo 类相应的实例方法，因为并不总是需要安全检查。

【问题 2】如果有一个可序列化类中有我不想序列化的属性，怎么处理呢？

【答】只要在不想序列化的属性头部加上[NonSerialized]标记即可。

【问题 3】序列化和反序列化只能应用在文件中吗？

【答】除了应用在文件中，还可以应用在网络传输中，比如将一个对象在客户端和服务器端传送。

小结

Directory 类用于对文件夹操作，File 类用于对文件进行操作，如复制、移动、删除等，它们都是静态类。

DirectoryInfo 类与 Directory 类的功能类似，可以完成对文件夹的基本操作。如果打算多次重用某个目录对象，可以考虑使用 DirectoryInfo 类的实例方法。

FileInfo 类与 File 类的功能类似，也可以完成对文件的基本操作。不同的是 File 类不可以实例化对象。如果打算多次重用某个文件对象，可以考虑使用 FileInfo 类，因为并不总是需要安全检查。

文件流的类是 FileStream，创建一个文件流时需要指定操作文件的路径、文件的打开方式和文件的访问方式。

StreamWriter 是一个写入器，StreamReader 是一个读取器。读写文本文件可以直接使用读写器，不用创建文件流，但是不容易控制文件的打开方式和访问方式。

序列化是将对象的状态存储到特定存储介质中的过程。

反序列化是将存储介质中的数据重新构建为对象的过程。

单元十一 综合项目实训

11.1 综合项目实训说明

该部分可以根据课程学时或学生的实际情况，有选择地开展。

11.1.1 实训目的

综合项目实训是完成课程教学计划的重要一环，有较强的实践性和综合性，对于帮助学生进一步理解课堂教学技术、方法和内容，培养学生的应用实践能力，为进一步学习更高阶段课程巩固基础本领。

综合项目实训是C#程序设计的配套训练，在课程教学最后阶段实施，主要实战目的是：

（1）进一步巩固和加深学生对C#程序设计基本知识、技术、方法的理解和掌握度，培养学生综合运用C#语言知识和技术分析解决实际问题的能力。

（2）通过一个信息管理系统，使学生了解项目开发过程，培养学生创造性思维，提高项目设计、编码与调试能力。

（3）通过项目实训，使学生能够按照软件工程的基本方法开发小型的信息管理系统。

11.1.2 实训对象

面向软件技术、计算机应用技术、计算机网络技术等计算机类专业，开设C#程序设计课程，并学会C#程序设计的高知类型学生开设。

11.1.3 实训项目

选择“宿舍管理信息系统”作为综合实训项目，更有利于初学者对项目的整体把握和开展，更有利于根据实际校园生活有针对性地开发特色功能，故此，以“宿舍管理信息系统”为例开展实训更适合C#初学者。

11.1.4 实训要求

实训结束时，学生必须提交以下材料：

（1）“宿舍管理信息系统”的源代码，存放在以学号为名称的文件夹内。

（2）实训报告。应包含以下内容：

- 实训题目
- 实训目的
- 实训内容
- 实训步骤
- 实训结果
- 实训心得

（3）考核方式。

①实训成绩由项目训练成绩、答辩成绩和实训报告成绩三部分组成，各占总成绩的40%、30%、30%。平时训练成绩包括阶段项目完成情况、课堂表现等，答辩成绩包括最终项目效果、技术数量程度等，实训报告成绩包括实训报告的规范性、完整性、正确性和实践性。

②实训成绩分为优、良、中、及格、不及格。

11.2 宿舍管理信息系统

11.2.1 系统功能

宿舍管理信息系统具有6项功能，即：宿舍信息管理、学生入住手续办理、卫生情况检查、水电费收取、房屋报修和外来人员登记。这些功能基本上覆盖了学生公寓管理的主要部分。

11.2.1.1 系统效果

宿舍管理信息系统的登录界面如图11.1所示。宿舍管理员输入用户名和密码后，单击“确定”按钮，进入系统主界面，如图11.2所示。

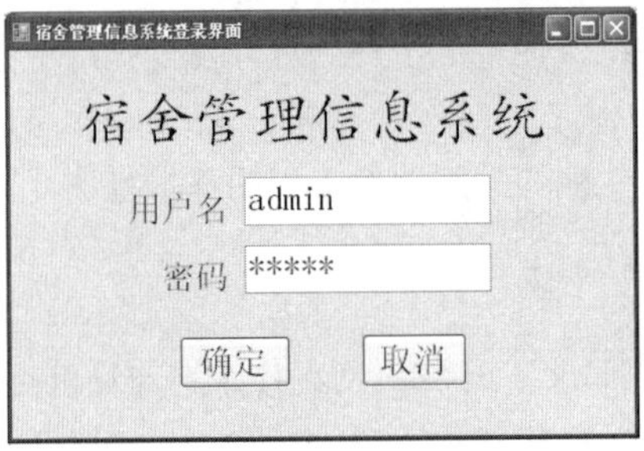

图11.1 登录界面

11.2.1.2 功能模块设计

通过对用户需求的分析，确定该宿舍管理信息系统由以下模块组成：宿舍基本信息模块、学生入住模块、卫生检查模块、水电收费模块、房屋报修模块、外来人员登记模块。

（1）宿舍基本信息模块。能添加、修改、查询和删除宿舍基本信息，如宿舍房号、财产、床位等。

（2）学生入住模块。能办理学生入住、退宿手续，修改入住信息功能，查询学生基本信息。

（3）卫生检查模块。具有宿舍卫生检查、评比和统计等功能。

（4）水电收费模块。对超出规定部分的水电费进行收费管理。

（5）房屋报修模块。对报修情况进行登记，安排维修时间，记录维修结果等。

（6）来访人员登记模块。对来访人员进行登记、管理。

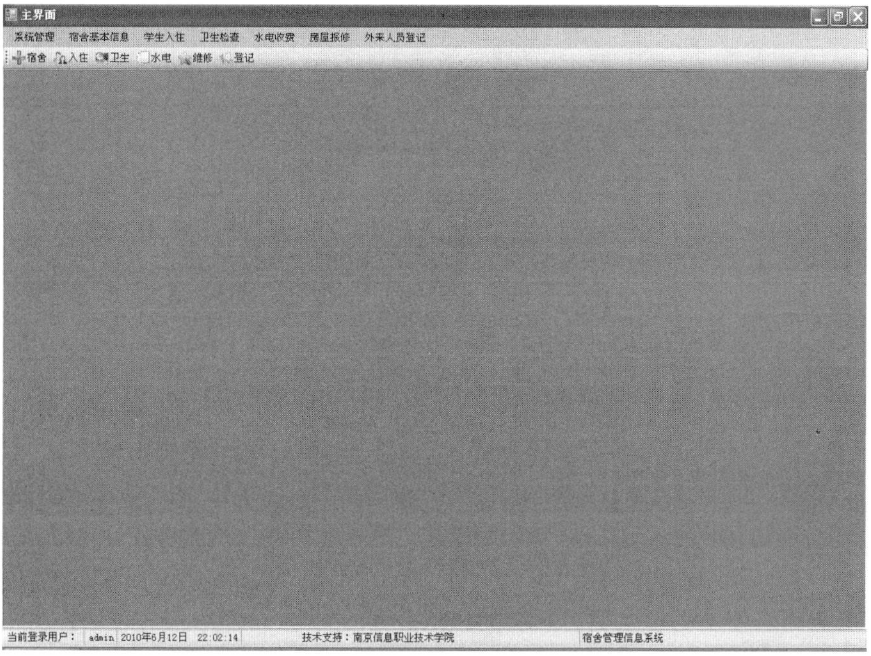

图 11.2　宿舍管理信息系统主界面

宿舍管理信息系统的系统功能结构图如图 11.3 所示。

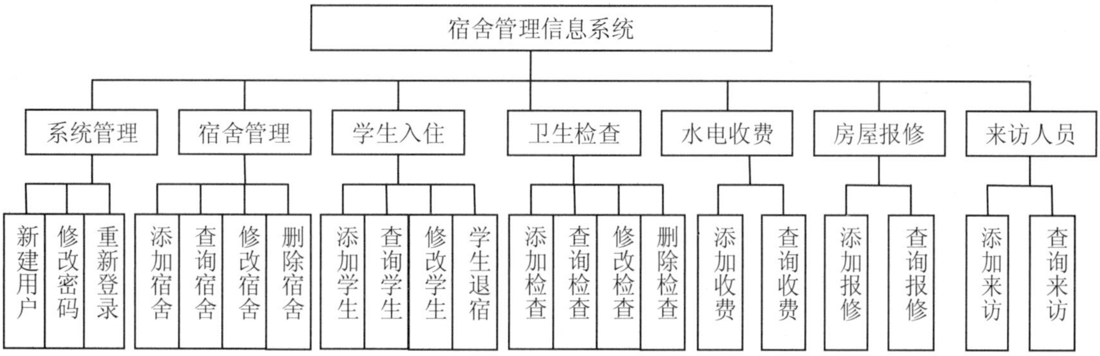

图 11.3　系统功能结构图

11.2.2　数据库设计

数据库是信息管理系统的后台数据管理中心，一个信息管理系统的功能是否健全，关键在于对数据库的设计，只有对数据库进行合理的设计，才能开发出完善而有效的管理系统。

宿舍管理信息系统的数据库中应包括以下几张表：①宿舍信息表（dorm）；②学生信息表（student）；③卫生检查信息表（checkinfo）；④水电收费信息表（charge）；⑤房屋报修信息表（repair）；⑥外来人员登记信息表（register）；⑦用户信息表（userinfo）。

启动 Microsoft SQL Server 2005，按照以下介绍的表信息，创建数据库 dormMIS。

（1）数据表 dorm 存储宿舍的相关信息，包括宿舍号、电话、住宿费、床位数、椅子数、桌子数和备注。各字段的说明如表 11.1 所示。

表 11.1　dorm 数据表的结构

字段名称	数据类型	说明
dormID	nvarchar(50)	宿舍号（主键）
phone	nvarchar(50)	电话
Dmoney	nvarchar(50)	住宿费
bedNum	int	床位数
chairNum	int	椅子数
deskNum	int	桌子数
DRemark	nvarchar(max)	备注

（2）数据表 student 存储学生信息，包括学号、姓名、性别、班级、宿舍号。各字段的说明如表 11.2 所示。

表 11.2　student 数据表的结构

字段名称	数据类型	说明
SID	nvarchar(50)	学号（主键）
Sname	nvarchar(50)	姓名
Ssex	nvarchar(50)	性别
Class	nvarchar(50)	班级
dormID	nvarchar(50)	宿舍号（外键），与 dorm 关联

（3）数据表 checkinfo 存储卫生检查信息，包括检查编号、宿舍号、检查日期、检查情况和备注。各字段的说明如表 11.3 所示。

表 11.3　卫生检查信息表 checkinfo 数据表的结构

字段名称	数据类型	说明
CheckID	int（自动编号）	检查编号（主键）
dormID	nvarchar(50)	宿舍号（外键），与 dorm 关联
CDate	smalldatetime	检查日期
CState	nvarchar(50)	检查情况
CRemark	nvarchar(max)	备注

（4）数据表 charge 存储水电收费信息，包括收费编号、宿舍号、收费日期、购买电量、缴费人和电费。各字段的说明如表 11.4 所示。

表 11.4　水电收费信息表 charge 数据表的结构

字段名称	数据类型	说明
ChargeID	int（自动编号）	收费编号（主键）
dormID	nvarchar(50)	宿舍号（外键），与 dorm 关联
Mdate	smalldatetime	收费日期
Ebuy	nvarchar(50)	购买电量
CPerson	nvarchar(50)	缴费人
CMoney	nvarchar(50)	电费

（5）数据表 repair 存储房屋报修信息，包括报修编号、宿舍号、报修日期、修理日期、报修人和修理情况。各字段的说明如表 11.5 所示。

表 11.5　房屋报修信息表 repair 数据表的结构

字段名称	数据类型	说明
RepairID	int（自动编号）	报修编号（主键）
dormID	nvarchar(50)	宿舍号（外键），与 dorm 关联
DateIn	smalldatetime	报修日期
DateRepair	smalldatetime	修理日期
person	nvarchar(50)	报修人
repair	nvarchar(50)	修理情况

（6）数据表 register 存储外来人员登记信息，包括来访人员编号、来访人姓名、来访日期、被访人姓名、宿舍号、离开日期和备注。各字段的说明如表 11.6 所示。

表 11.6　来访人员登记信息表 register 数据表的结构

字段名称	数据类型	说明
RegisterID	int（自动编号）	来访人员编号（主键）
PCome	nvarchar(50)	来访人姓名
DateCome	smalldatetime	来访日期
PLook	nvarchar(50)	被访人姓名
dormID	nvarchar(50)	宿舍号（外键），与 dorm 关联
DateLeave	smalldatetime	离开日期
Remark	nvarchar(max)	备注

（7）数据表 userinfo 存储用户信息，包括用户名和密码。各字段的说明如表 11.7 所示。

表 11.7　用户信息表 userinfo 数据表的结构

字段名称	数据类型	说明
Uname	nvarchar(50)	用户名
Pwd	nvarchar(50)	密码

7 张数据表及其关系如图 11.4 所示。

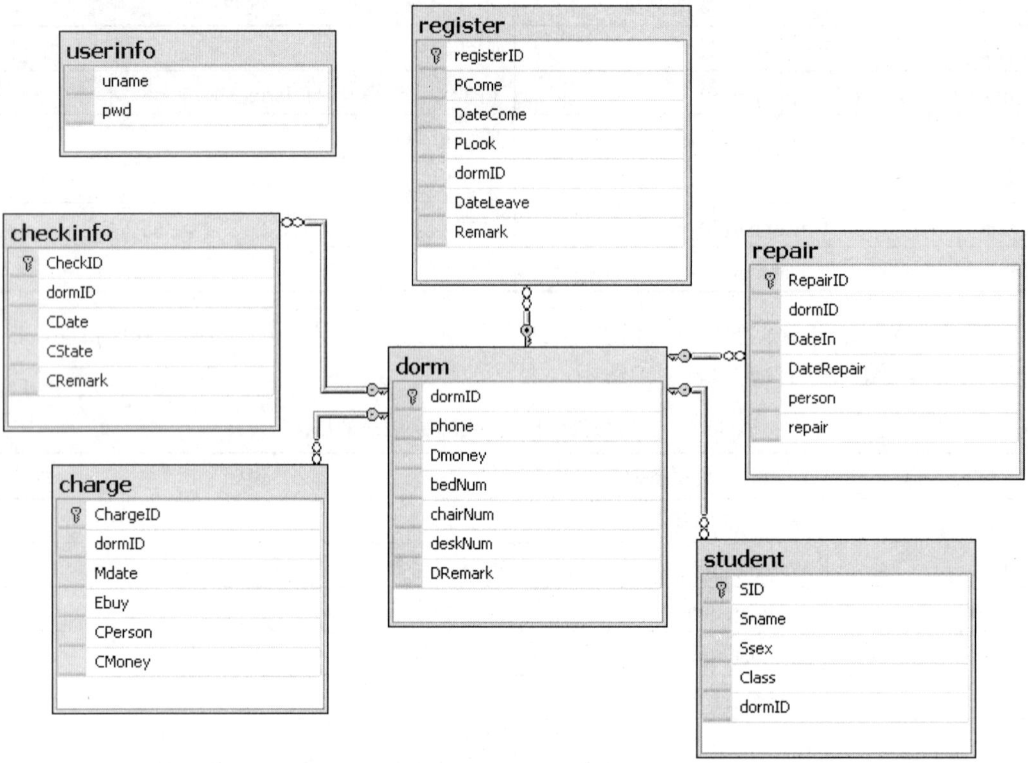

图 11.4　宿舍管理信息系统的数据表及其关系

11.2.3　系统详细设计与实现

启动 Visual Studio 2010，新建 Windows 应用程序，取名为 dormMIS。在该项目中，添加以下窗体：

- mainForm.cs
- adduser.cs
- modifyPWD.cs
- reLogin.cs
- addDorm.cs
- browseDorm.cs
- updateDorm.cs
- addStudent.cs
- browseStd.cs
- updateStd.cs
- addCheck.cs
- browseCheck.cs
- updateCheck.cs

- addCharge.cs
- browseCharge.cs
- addRepair.cs
- browseRepair.cs
- addRegister.cs
- browseRegister.cs

11.2.3.1 数据库连接

本系统采用 SQL Server 2005 数据库，在程序中专门设计了连接字符串模块 dbConnection.cs，具体操作如下：在 dormMIS 项目的解决方案中，右击项目名称，选择“添加”→“类”来添加 dbConnection.cs 类文件，在该类中创建连接字符串的属性。详细代码如下：

```
namespace dormMIS
{
  public class dbConnection
    {
      public static string connection
      {
          get
          {
            return "data source=.;database=dormMIS;integrated security=SSPI";
          }
      }
    }
}
```

11.2.3.2 系统登录界面的设计

宿舍管理信息系统一旦运行，首先进入的是系统登录界面，通过输入合法的用户名和密码，才可登录宿舍管理信息系统，即进入该系统的主界面。

将 dormMIS 项目中的 Form1.cs 重命名为 Login.cs。

（1）登录界面，如图 11.5 所示。

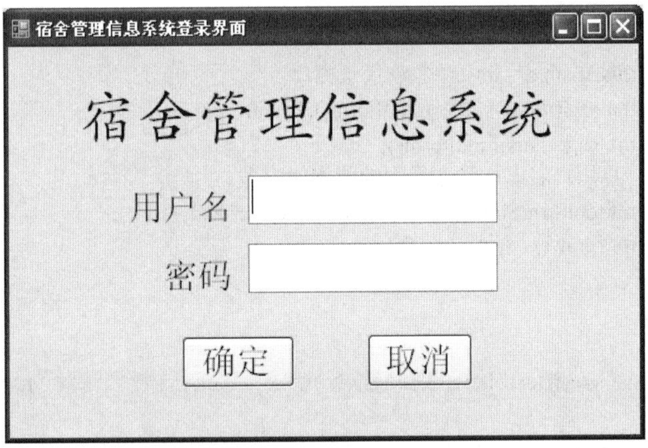

图 11.5 系统登录界面

（2）设计界面。系统登录界面中的控件如表 11.8 所示。

表 11.8　系统登录界面 Login.cs 的控件表

控件名称	控件 Name	控件的属性设置	控件的功能
Form	Login	Text：宿舍管理信息系统登录界面	窗体
Label	Label1	Text：宿舍管理信息系统	显示文字
Label	Label2	Text：用户名	显示文字
Label	Label3	Text：密码	显示文字
TextBox	txtname	Text：""	用来输入用户名
TextBox	txtpwd	Text："" passwordChar：*	用来输入密码
Button	btnOK	Text：确定	登录功能
Button	btnCancel	Text：取消	取消功能

（3）功能与代码。

单击“确定”按钮：连接数据库 dormMIS，在数据表 userinfo 中查找是否存在输入的用户名和密码信息，如果存在，即可登录宿舍管理信息系统，打开系统主界面；否则，提示错误信息。

```
private void btnOK_Click(object sender, EventArgs e)
{
    if (txtname.Text == "" || txtpwd.Text == "")
        MessageBox.Show("请输入用户名和密码", "提示");
    else
    {
        SqlConnection con = new SqlConnection(dbConnection.connection);
        SqlCommand com = new SqlCommand("", con);
        com.CommandText = "select * from userinfo where uname='" + txtname.Text.Trim()
            + "' and pwd='" + txtpwd.Text.Trim() + "'";
        con.Open();//打开数据库连接
        SqlDataReader dr = com.ExecuteReader();
        if (dr.HasRows)
        {
            this.Visible = false;//隐藏登录窗口
            mainForm mf = new mainForm();//mainForm 是主界面
            mf.Tag = this.FindForm();
            //将用户名添加到主界面的状态栏中
            mf.toolStripStatusLabel2.Text = txtname.Text.Trim();
            mf.Show();//打开主界面
        }
        else
        {
            MessageBox.Show("用户名密码错误，请重新输入","提示");
        }
        con.Close();
    }
}
```

单击“取消”按钮：关闭当前窗体。

```
private void btnCancel_Click(object sender, EventArgs e)
{
    this.Close();
}
```

11.2.3.3　主界面的设计

当用户登录成功之后，进入宿舍管理信息系统的主界面 mainForm.cs，如图 11.2 所示。主界面中包含菜单栏、工具栏和状态栏。

（1）设计界面。主界面中的控件如表 11.9 所示。

表 11.9　主界面 mainForm.cs 的控件表

控件名称	控件 Name	控件的属性设置	控件的功能
Form	mainForm	Text：主界面 IsMdiContainer：True WindowState：Maximized	窗体
menuStrip	menuStrip1	根据图 11.2 来设计菜单项	菜单栏
toolStrip	toolStrip1	添加 6 个按钮，功能分别是：添加宿舍，学生入住，添加检查，添加收费，添加报修，添加登记	工具栏
statusStrip	statusStrip1	toolStripStatusLabel1 的 Text 属性“当前登录用户”	显示信息
		toolStripStatusLabel2 的 Modifiers 属性为 Public	用来显示当前登录的用户名
		toolStripStatusLabel3	显示系统时间
		toolStripStatusLabel4 的 Text 属性“技术支持：南京信息职业技术学院”	显示信息
		toolStripStatusLabel5 的 Text 属性“宿舍管理信息系统”	显示信息

（2）功能与代码。

系统时间的显示：

①当运行界面，系统的日期时间将显示在 toolStripStatusLabel3 中。代码如下：

```
private void mainForm_Load(object sender, EventArgs e)
{
    toolStripStatusLabel3.Text = DateTime.Now.ToLongDateString() + "    " +
                                 DateTime.Now.ToLongTimeString();
}
```

②希望显示的时间随着系统时间在变化，这时需要在界面中加入计时器控件 Timer，将其 interval 属性设置为 1000，Enabled 属性设置为 True，编写 Timer 的 Tick 事件代码如下：

```
private void timer1_Tick(object sender, EventArgs e)
{
    toolStripStatusLabel3.Text = DateTime.Now.ToLongDateString() +"    "+
                                 DateTime.Now.ToLongTimeString();
}
```

主界面运行时，单击“新建用户”菜单项，即运行 adduser.cs 界面。代码如下：

```
private void 新建用户ToolStripMenuItem_Click(object sender, EventArgs e)
{
    adduser auForm = new adduser();
    auForm.MdiParent = this;
    auForm.Show();
}
```

主界面运行时，单击“修改密码”菜单项，即运行 modifyPWD.cs 界面。代码如下：

```
private void 修改密码ToolStripMenuItem_Click(object sender, EventArgs e)
{
    modifyPWD modifypwd = new modifyPWD();
    modifypwd.Tag = this.toolStripStatusLabel2.Text.Trim();
    modifypwd.MdiParent = this;
    modifypwd.Show();
}
```

主界面运行时，单击“重新登录”菜单项，即显示 Login.cs 界面。代码如下：

```
private void 重新登录ToolStripMenuItem_Click(object sender, EventArgs e)
{
    ((System.Windows.Forms.Form)this.Tag).Visible = true;
    this.Close();
}
```

主界面运行时，单击“添加宿舍”菜单项，即显示 addDorm.cs 界面。代码如下：

```
private void 添加宿舍ToolStripMenuItem_Click(object sender, EventArgs e)
{
    addDorm adForm = new addDorm();
    adForm.MdiParent = this;
    adForm.Show();
}
```

主界面运行时，单击“查询宿舍”菜单项，即显示 browseDorm.cs 界面。代码如下：

```
private void 查询宿舍ToolStripMenuItem_Click(object sender, EventArgs e)
{
    browseDorm bdForm = new browseDorm();
    bdForm.MdiParent = this;
    bdForm.Show();
}
```

主界面运行时，单击“添加学生”菜单项，即显示 addStudent.cs 界面。代码如下：

```
private void 添加学生ToolStripMenuItem_Click(object sender, EventArgs e)
{
    addStudent asForm = new addStudent();
    asForm.MdiParent = this;
    asForm.Show();
}
```

主界面运行时，单击“查询学生”菜单项，即显示 browseStd.cs 界面。代码如下：

```
private void 查询学生ToolStripMenuItem_Click(object sender, EventArgs e)
{
```

```
        browseStd bsForm = new browseStd();
        bsForm.MdiParent = this;
        bsForm.Show();
    }
```

主界面运行时，单击“添加检查”菜单项，即显示 addCheck.cs 界面。代码如下：

```
    private void 添加检查 ToolStripMenuItem_Click(object sender, EventArgs e)
    {
        addCheck acForm = new addCheck();
        acForm.MdiParent = this;
        acForm.Show();
    }
```

主界面运行时，单击“查询检查”菜单项，即显示 browseCheck.cs 界面。代码如下：

```
    private void 查询检查 ToolStripMenuItem_Click(object sender, EventArgs e)
    {
        browseCheck bcForm = new browseCheck();
        bcForm.MdiParent = this;
        bcForm.Show();
    }
```

主界面运行时，单击“添加收费”菜单项，即显示 addCharge.cs 界面。代码如下：

```
    private void 添加收费 ToolStripMenuItem_Click(object sender, EventArgs e)
    {
        addCharge acForm = new addCharge();
        acForm.MdiParent = this;
        acForm.Show();
    }
```

主界面运行时，单击“查询收费”菜单项，即显示 browseCharge.cs 界面。代码如下：

```
    private void 查询收费 ToolStripMenuItem_Click(object sender, EventArgs e)
    {
        browseCharge bcForm = new browseCharge();
        bcForm.MdiParent = this;
        bcForm.Show();
    }
```

主界面运行时，单击“添加报修”菜单项，即显示 addRepair.cs 界面。代码如下：

```
    private void 添加报修 ToolStripMenuItem_Click(object sender, EventArgs e)
    {
        addRepair arForm = new addRepair();
        arForm.MdiParent = this;
        arForm.Show();
    }
```

主界面运行时，单击“查询报修”菜单项，即显示 browseRepair.cs 界面。代码如下：

```
    private void 查询报修 ToolStripMenuItem_Click(object sender, EventArgs e)
    {
        browseRepair brForm = new browseRepair();
        brForm.MdiParent = this;
        brForm.Show();
    }
```

主界面运行时，单击“添加登记”菜单项，即显示 addRegister.cs 界面。代码如下：

```
private void 添加登记 ToolStripMenuItem_Click(object sender, EventArgs e)
{
    addRegister arForm = new addRegister();
    arForm.MdiParent = this;
    arForm.Show();
}
```

主界面运行时，单击“查询登记”菜单项，即显示 browseRegister.cs 界面。代码如下：

```
private void 查询登记 ToolStripMenuItem_Click(object sender, EventArgs e)
{
    browseRegister brForm = new browseRegister();
    brForm.MdiParent = this;
    brForm.Show();
}
```

11.2.3.4　系统管理功能的设计

1. 添加用户功能的实现

在主界面中选择“系统管理”→“添加用户”命令菜单，即可进入添加用户界面 adduser.cs，如图 11.6 所示。在该界面可以建立新的用户。单击“添加”按钮，如果用户信息输入完整并且用户名成不重复则显示添加成功，否则添加失败。

（1）运行界面，如图 11.6 所示。

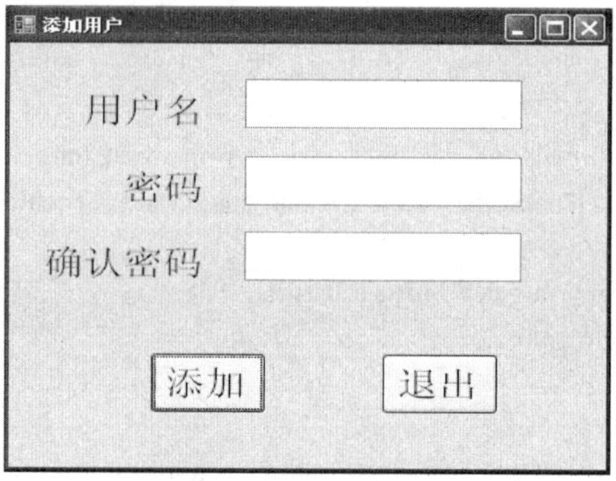

图 11.6　添加用户运行界面

（2）设计界面。在 adduser.cs 窗体中添加如表 11.10 所示的控件。

表 11.10　添加用户界面 adduser.cs 的控件表

控件名称	控件 Name	控件的属性设置	控件的功能
Form	adduser	Text：添加用户	窗体
Label	Label1	Text：用户名	显示信息
Label	Label2	Text：密码	显示信息
Label	Label3	Text：确认密码	显示信息
TextBox	txtname	Text：""	输入用户名

续表

控件名称	控件 Name	控件的属性设置	控件的功能
TextBox	txtpwd	Text："" passwordChar：*	输入密码
TextBox	txtpwd2	Text："" passwordChar：*	输入确认密码
Button	btnAdd	Text：添加	添加功能
Button	btnExit	Text：退出	退出功能

（3）功能与代码。

单击“添加”按钮：需要判断信息是否输入完整，用户名是否已经存在，还要判断两次密码的输入是否一致。代码如下：

```
private void btnAdd_Click(object sender, EventArgs e)
{
  if ((txtname.Text.Trim() == "") || (txtpwd.Text.Trim() == "") || (txtpwd2.Text.Trim() == ""))
    MessageBox.Show("请输入完整信息", "提示");
  else
   {
      if (txtpwd.Text.Trim() != txtpwd2.Text.Trim())
        MessageBox.Show("两次密码输入不一致", "提示");
      else
        {
         SqlConnection con = new SqlConnection(dbConnection.connection);
         SqlCommand com = new SqlCommand("", con);
         com.CommandText = "select * from userinfo where uname='"+txtname.Text+"'";
         con.Open();
          if (com.ExecuteScalar() == null)
          {
            com.CommandText = "insert into userinfo values('" + txtname.Text.Trim() + "','" + txtpwd2.Text.Trim() + "')";
            com.ExecuteNonQuery();
             txtname.Text = "";
             txtpwd.Text = "";
             txtpwd2.Text = "";
             MessageBox.Show("添加用户成功", "提示");
           }
          else
            {
               MessageBox.Show("用户名重复","提示");
             }
          con.Close();
         }
     }
}
```

单击“退出”按钮：当前窗体关闭，代码自己完成。

2. 修改密码功能的实现

在主界面中选择“系统管理”→“修改密码”命令菜单，即可进入添加用户界面 modifyPWD.cs，如图 11.7 所示。单击“确定”按钮，如果密码正确并且新密码与确认密码相同，则显示修改成功，否则修改失败。

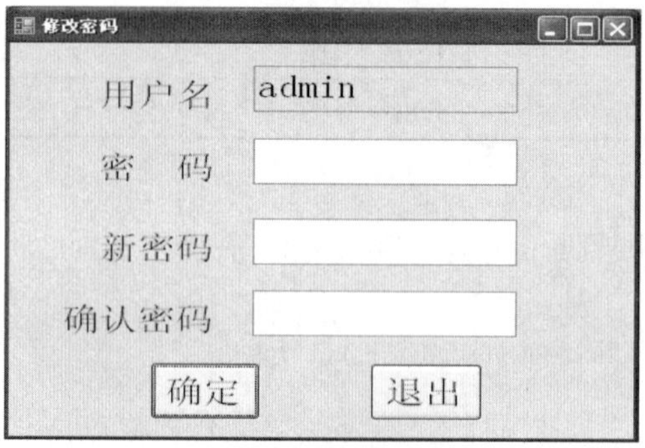

图 11.7 修改密码运行界面

（1）运行界面，如图 11.7 所示。

（2）设计界面。在 modifyPWD.cs 窗体中添加如表 11.11 所示的控件。

表 11.11 添加用户界面 modifyPWD.cs 的控件表

控件名称	控件 Name	控件的属性设置	控件的功能
Form	modifyPWD	Text：修改密码	窗体
Label	Label1	Text：用户名	显示信息
Label	Label2	Text：密码	显示信息
Label	Label3	Text：新密码	显示信息
Label	Label4	Text：确认密码	显示信息
TextBox	txtname	Text："" ReadOnly:true	输入用户名
TextBox	txtpwd	Text："" passwordChar：*	输入密码
TextBox	txtnewpwd	Text："" passwordChar：*	输入新密码
TextBox	txtnewpwd2	Text："" passwordChar：*	输入确认密码
Button	btnmodify	Text：确定	修改密码功能
Button	btnExit	Text：退出	退出功能

（3）功能与代码。

初始化：在运行修改密码的界面时，用户名中应该显示当前用户的用户名信息，这就是从状态栏中传递过来的当前登录的用户名。代码如下：

```
private void modifyPWD_Load(object sender, EventArgs e)
{
    txtname.Text = this.Tag.ToString();
}
```

单击“确定”按钮：需要判断输入的密码是否与用户名匹配，如果匹配，再判断新密码和确认密码是否相同，如相同则修改密码成功，如果不相同则提示信息；如果输入的密码与用户名不匹配，则提示出错信息。代码如下：

```
private void btnmodify_Click(object sender, EventArgs e)
{
   if (txtname.Text.Trim() == "" || txtpwd.Text.Trim() == "" || txtnewpwd.Text.Trim() == "" ||
                                 txtnewpwd2.Text.Trim() == "")
     MessageBox.Show("请填写完整信息！", "提示");
   else
    {
        SqlConnection con = new SqlConnection(dbConnection.connection);
        SqlCommand cmd = new SqlCommand("", con);
        string sql = "select * from userinfo where UName='" + txtname.Text.Trim() + "' and PWD='"
                                                     + txtpwd.Text.Trim() + "'";
        cmd.CommandText = sql;
        con.Open();
        if (null != cmd.ExecuteScalar())
        {
            if (txtnewpwd.Text.Trim() != txtnewpwd2.Text.Trim())
              MessageBox.Show("两次密码输入不一致！", "警告");
             else
               {
                sql = "update userinfo set PWD='" + txtnewpwd.Text.Trim() + "' where UName='"
                                               + txtname.Text.Trim() + "'";
                cmd.CommandText = sql;
                cmd.ExecuteNonQuery();
                MessageBox.Show("密码修改成功！", "提示");
                this.Close();
                }
         }
        else
            MessageBox.Show("密码错误！", "提示");
       con.Close();
    }
}
```

单击“退出”按钮：当前窗体关闭，代码自己完成。

11.2.3.5　宿舍管理功能模块的设计

1．添加宿舍功能的实现

在主界面中选择“宿舍管理”→“添加宿舍”命令菜单或者单击工具栏上的+宿舍按钮，即可进入添加宿舍界面 addDorm.cs，如图 11.8 所示。用户可以在这个窗体中设置宿舍基本信息。单击

“确定”按钮，如果宿舍信息输入完整并且宿舍号不重复则显示添加成功，否则添加失败。

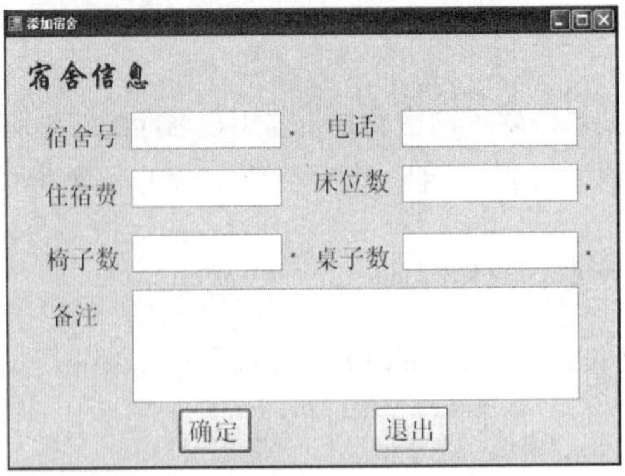

图 11.8　添加宿舍用户运行界面

在添加宿舍时，必须要填入以下信息：宿舍号，床位数，椅子数，桌子数。

（1）运行界面，如图 11.8 所示。

（2）设计界面。在 addDorm.cs 窗体中添加如表 11.12 所示的控件。

表 11.12　添加用户界面 addDorm.cs 的控件表

控件名称	控件 Name	控件的属性设置	控件的功能
Form	addDorm	Text：添加宿舍	窗体
Label	Label1	Text：宿舍信息	显示信息
Label	Label2	Text：宿舍号	显示信息
Label	Label3	Text：电话	显示信息
Label	Label4	Text：住宿费	显示信息
Label	Label5	Text：床位数	显示信息
Label	Label6	Text：椅子数	显示信息
Label	Label7	Text：桌子数	显示信息
Label	Label8	Text：备注	显示信息
TextBox	txtDormID	Text：""	输入宿舍号
TextBox	txtPhone	Text：""	输入电话
TextBox	txtMoney	Text：""	输入住宿费
TextBox	txtBed	Text：""	输入床位数
TextBox	txtChair	Text：""	输入椅子数
TextBox	txtDesk	Text：""	输入桌子数
TextBox	txtRemark	Text："" Multiline：true	输入备注
4 个 Label		Text：* Forcolor：red	提示必填项
Button	btnAdd	Text：确定	添加功能
Button	btnExit	Text：退出	退出功能

（3）功能与代码。

单击“确定”按钮：需要判断信息是否输入完整，宿舍号是否已经存在，如果信息输入完整并且宿舍号不存在，则将该宿舍信息添加到数据库中。并在添加完成之后，所有文本框置空。代码如下：

```
private void btnadd_Click(object sender, EventArgs e)
{
    if (txtDormID.Text.Trim() == "" || txtBed.Text.Trim() == "" || txtChair.Text.Trim() == "" ||
txtDesk.Text.Trim() == "")
    MessageBox.Show("填写完整信息", "提示");
    else
    {
        SqlConnection con = new SqlConnection(dbConnection.connection);
        con.Open();
        string sql = "select * from dorm where dormID='" + txtDormID.Text.Trim() + "'";
        SqlCommand cmd = new SqlCommand(sql, con);
        if (null == cmd.ExecuteScalar())
        {
            sql = "insert into dorm values ('" + txtDormID.Text.Trim() + "','" + txtPhone.Text.Trim() +
"','" + txtMoney.Text.Trim() + "',"
            +txtBed.Text.Trim() + "," + txtChair.Text.Trim() + "," + txtDesk.Text.Trim() + ",'" +
txtRemark.Text.Trim() + "')";
            cmd.CommandText = sql;
            cmd.ExecuteNonQuery();
            MessageBox.Show("添加成功", "提示");
            txtDormID.Text = "";
            txtPhone.Text = "";
            txtMoney.Text = "";
            txtBed.Text = "";
            txtChair.Text = "";
            txtDesk.Text = "";
            txtRemark.Text = "";
        }
    else
    MessageBox.Show("宿舍号重复", "提示");
    con.Close();
    }
}
```

单击“退出”按钮：当前窗体关闭，代码自己完成。

2. 查询宿舍功能的实现

在主界面中选择“宿舍基本信息”→“查询宿舍”命令菜单，即可进入查询宿舍界面 browseDorm.cs，如图 11.9 所示。在该界面中可以查询所有的宿舍信息，也可以根据输入的宿舍号进行精确查询。

（1）运行界面，如图 11.9 所示。

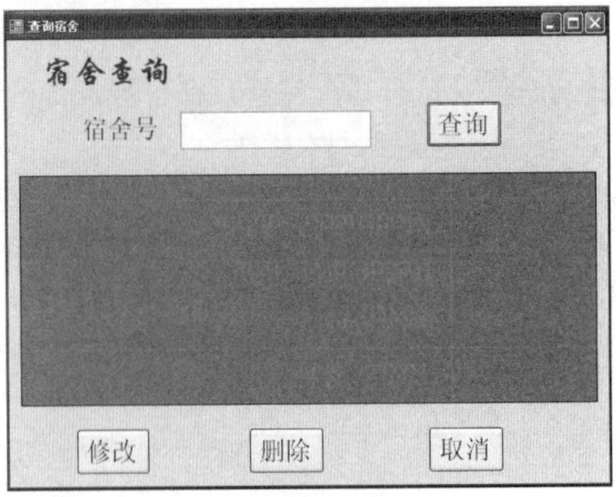

图 11.9　查询宿舍运行界面

（2）设计界面。在 browseDorm.cs 窗体中添加如表 11.13 所示的控件。

表 11.13　添加用户界面 browseDorm.cs 的控件表

控件名称	控件 Name	控件的属性设置	控件的功能
Form	browseDorm	Text：查询宿舍	窗体
Label	Label1	Text：宿舍查询	显示信息
Label	Label2	Text：宿舍号	显示信息
TextBox	txtDormID	Text：""	输入宿舍号
Button	btnSearch	Text：查询	查询宿舍功能
Button	btnModify	Text：修改	打开修改宿舍界面
Button	btnDelete	Text：删除	删除宿舍功能
Button	btnCancel	Text：取消	退出功能

（3）功能与代码。

单击“查询”按钮：如果没有查询条件则返回的是所有的宿舍信息，如果有查询条件，根据查询条件进行模糊查询。代码如下：

```
DataSet ds;
private void btnSearch_Click(object sender, EventArgs e)
{
    SqlConnection con = new SqlConnection(dbConnection.connection);
    string sql="";
    if(txtDormID.Text.Trim()=="")
    sql = "select dormid 宿舍号,phone 电话,dmoney 住宿费,bednum 床位数,chairnum 椅子数,desknum 桌子数,dremark 备注 from dorm";
    else
    sql= "select dormid 宿舍号,phone 电话,dmoney 住宿费,bednum 床位数,chairnum 椅子数,desknum 桌子数,dremark 备注 from dorm where dormid like '" + txtDormID.Text.Trim() + "%'";
    SqlDataAdapter da = new SqlDataAdapter(sql, con);
    ds= new DataSet();
    da.Fill(ds, "dorm");
    dgDorm.DataSource = ds.Tables["dorm"];
}
```

单击“退出”按钮：当前窗体关闭，代码自己完成。

3. 修改宿舍功能的实现

在查询宿舍界面 browseDorm.cs 中，选择查询到的一条数据后单击“修改”按钮，进入修改宿舍界面 updateDorm.cs，如图 11.10 所示。在该界面中可以对已选择的宿舍信息进行修改。

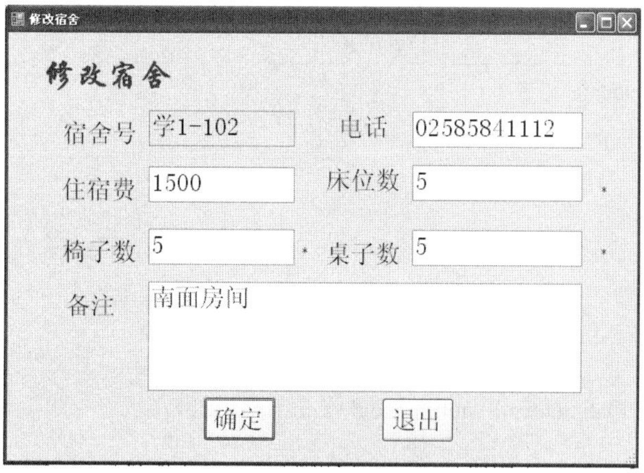

图 11.10　修改宿舍运行界面

（1）运行界面，如图 11.10 所示。

（2）设计界面。在 updateDorm.cs 窗体中添加如表 11.14 所示的控件。

表 11.14　添加用户界面 updateDorm.cs 的控件表

控件名称	控件 Name	控件的属性设置	控件的功能
Form	updateDorm	Text：修改宿舍	窗体
Label	Label1	Text：修改宿舍	显示信息
Label	Label2	Text：宿舍号	显示信息
Label	Label3	Text：电话	显示信息
Label	Label4	Text：住宿费	显示信息
Label	Label5	Text：床位数	显示信息
Label	Label6	Text：椅子数	显示信息
Label	Label7	Text：桌子数	显示信息
Label	Label8	Text：备注	显示信息
TextBox	txtDormID	Text："" ReadOnly：true Modifiers：public	显示宿舍号
TextBox	txtPhone	Modifiers：public	输入电话
TextBox	txtMoney	Modifiers：public	输入住宿费
TextBox	txtBed	Modifiers：public	输入床位数
TextBox	txtChair	Modifiers：public	输入椅子数
TextBox	txtDesk	Modifiers：public	输入桌子数

续表

控件名称	控件 Name	控件的属性设置	控件的功能
TextBox	txtRemark	Modifiers：public Multiline：true	输入备注
3 个 Label		Text：* Forcolor：red	提示必填项
Button	btnupdate	Text：确定	修改功能
Button	btnExit	Text：退出	退出功能

（3）功能与代码。

初始化：当在查询宿舍界面中单击“修改”按钮，即可进入修改宿舍的界面，该界面中应该显示选中的宿舍信息。所以，查询宿舍界面 browseDorm.cs 中的“修改”按钮执行以下操作：

```
private void btnmodify_Click(object sender, EventArgs e)
{
    if (dgDorm.DataSource != null && dgDorm.CurrentRow.Index >= 0)
    {
        updateDorm dormUpdate = new updateDorm();
        dormUpdate.txtDormID.Text = ds.Tables["dorm"].Rows[dgDorm.CurrentRow.Index][0].
                                    ToString().Trim();
        dormUpdate.txtPhone.Text = ds.Tables["dorm"].Rows[dgDorm.CurrentRow.Index][1].
                                    ToString().Trim();
        dormUpdate.txtMoney.Text = ds.Tables["dorm"].Rows[dgDorm.CurrentRow.Index][2].
                                    ToString().Trim();
        dormUpdate.txtBed.Text = ds.Tables["dorm"].Rows[dgDorm.CurrentRow.Index][3].
                                    ToString().Trim();
        dormUpdate.txtChair.Text = ds.Tables["dorm"].Rows[dgDorm.CurrentRow.Index][4].
                                    ToString().Trim();
        dormUpdate.txtDesk.Text = ds.Tables["dorm"].Rows[dgDorm.CurrentRow.Index][5].
                                    ToString().Trim();
        dormUpdate.txtRemark.Text = ds.Tables["dorm"].Rows[dgDorm.CurrentRow.Index][6].
                                    ToString().Trim();
        dormUpdate.ShowDialog();
    }
}
```

单击“确定”按钮：判断信息是否输入完整，如果完整，则将该宿舍的信息更新到数据库中，然后关闭当前窗体；否则提示错误信息。代码如下：

```
private void btnupdate_Click(object sender, EventArgs e)
{
    if (txtBed.Text.Trim() == "" || txtChair.Text.Trim() == "" || txtDesk.Text.Trim() == "")
        MessageBox.Show("填写完整信息", "提示");
    else
    {
        SqlConnection con = new SqlConnection(dbConnection.connection);
        con.Open();
```

```
                string sql = "update dorm set phone='"+txtPhone.Text.Trim()+"',dmoney='"+txtMoney.Text.
        Trim()+"',bednum="+txtBed.Text.Trim()+",chairnum="+txtChair.Text.Trim()+",desknum="+txtDesk.Te
        xt.Trim()+",dremark='"+txtRemark.Text.Trim()+"' where dormid='"+txtDormID.Text.Trim()+"'";
                SqlCommand com = new SqlCommand(sql, con);
                com.ExecuteNonQuery();
                con.Close();
                MessageBox.Show("修改成功", "提示");
                this.Close();
            }
        }
```

单击“退出”按钮：当前窗体关闭，代码自己完成。

4. 删除宿舍功能的实现

在查询宿舍界面 browseDorm.cs 中，选择查询到的一条数据后单击“删除”按钮，首先判断学生信息表中有没有该宿舍的学生信息，如果有则不能删除，反之可以删除。

在查询宿舍界面 browseDorm.cs 中，双击“删除”按钮，填入以下代码：

```
        private void btndelete_Click(object sender, EventArgs e)
        {
            if (dgDorm.DataSource != null && dgDorm.CurrentRow.Index >= 0 )
            {
                SqlConnection con = new SqlConnection(dbConnection.connection);
                con.Open();
                string sql = "select * from student where dormID='" + ds.Tables["dorm"].Rows[dgDorm.
        CurrentRow.Index][0].ToString().Trim() + "'";
                SqlCommand cmd = new SqlCommand(sql, con);
                SqlDataReader dr = cmd.ExecuteReader();
                if (dr.Read())
                {
                    MessageBox.Show(" 删 除 宿 舍 '" + ds.Tables["dorm"].Rows[dgDorm.CurrentRow.
        Index][0].ToString().Trim() + "'失败，请先删该宿舍学生", "提示");
                    dr.Close();
                }
                else
                {
                 dr.Close();
                 sql = "delete from dorm where dormID not in (select distinct dormID from student) and
        dormID='" + ds.Tables["dorm"].Rows[dgDorm.CurrentRow.Index][0].ToString().Trim() + "'";
                 cmd.CommandText = sql;
                 cmd.ExecuteNonQuery();
                 MessageBox.Show("删除宿舍'" + ds.Tables["dorm"].Rows[dgDorm.CurrentRow.Index][0].
        ToString().Trim() + "'成功", "提示");
                  }
                  con.Close();
            }
        }
```

11.2.3.6　学生管理功能模块的设计

1．学生入住功能的实现

在主界面中选择“学生入住”→“添加学生”命令菜单或者单击工具栏上的入住按钮，即可进入学生入住界面 addStudent.cs，如图 11.11 所示。用户可以在这个窗体中设置学生基本信息，单击“确定”按钮，如果学生信息输入完整，学号不重复并且该宿舍没有住满则显示入住成功，否则入住失败。

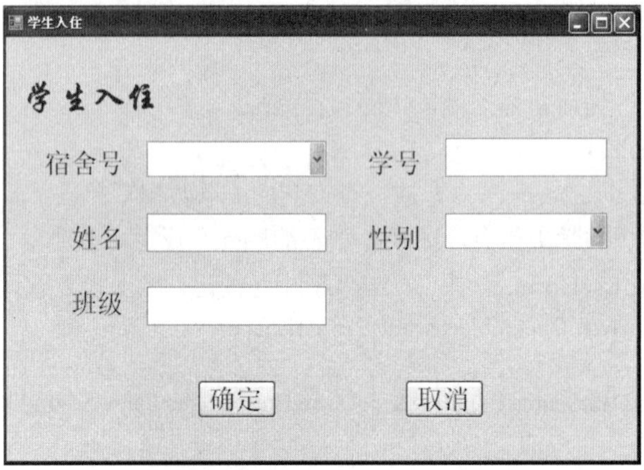

图 11.11　学生入住运行界面

（1）运行界面。

（2）设计界面。在 addStudent.cs 窗体中添加如表 11.15 所示的控件。

表 11.15　添加用户界面 addStudent.cs 的控件表

控件名称	控件 Name	控件的属性设置	控件的功能
Form	addStudent	Text：学生入住	窗体
Label	Label1	Text：学生入住	显示信息
Label	Label2	Text：宿舍号	显示信息
Label	Label3	Text：学号	显示信息
Label	Label4	Text：姓名	显示信息
Label	Label5	Text：性别	显示信息
Label	Label6	Text：班级	显示信息
ComboBox	cbbDormID	在程序中编码对其进行初始化	选择宿舍号
ComboBox	cbbSex	在程序中编码对其进行初始化	选择性别
TextBox	txtSID	Text：""	输入学号
TextBox	txtName	Text：""	输入姓名
TextBox	txtClass	Text：""	输入班级
Button	btnOK	Text：确定	学生入住功能
Button	btnCancel	Text：取消	退出功能

（3）功能与代码。

初始化：当运行学生入住界面 addStudent.cs 时，将数据库 dorm 表中的宿舍号添加到宿舍号组合框 cbbDormID 中，同时将“男”、“女”添加到性别组合框 cbbsex 中。具体代码如下：

```
SqlConnection con= new SqlConnection(dbConnection.connection);
SqlCommand com;
private void addStudent_Load(object sender, EventArgs e)
{
    //添加宿舍
    com = new SqlCommand("", con);
    com.CommandText = "select dormID from dorm";
    con.Open();
    SqlDataReader dr = com.ExecuteReader();
    while (dr.Read())
    {
        cbbDormID.Items.Add(dr["dormID"].ToString());
    }
    con.Close();
    //添加性别
    cbbsex.Items.Add("男");
    cbbsex.Items.Add("女");
}
```

单击“确定”按钮：先判断信息是否输入完整，如果完整，还要判断该宿舍是否已满，如果已满不能入住，如果没有满，再判断输入的学号在 student 表中是否有重复，如果没有重复的，将该条学生记录添加到数据库 student 表中，并在添加完成之后，将所有控件设置为初始化状态。代码如下：

```
private void btnOK_Click(object sender, EventArgs e)
  {
      if (cbbDormID.SelectedIndex < 0 || txtSID.Text.Trim() == "" || txtname.Text.Trim() == "")
          MessageBox.Show("请输入完整信息", "提示");
      else
      {
          con.Open();
          string sql = "select bednum-(select count(*) from student where dormId='" +
cbbDormID.Text.Trim() + "') from dorm where dormid='" + cbbDormID.Text.Trim() + "'";
                com.CommandText = sql;
          if (Convert.ToInt32(com.ExecuteScalar().ToString().Trim()) == 0)
              MessageBox.Show("该房间已满", "提示");
          else
         {
          sql = "select * from student where sid='" + txtSID.Text.Trim() + "'";
              com.CommandText = sql;
              if (com.ExecuteScalar() != null)
                  MessageBox.Show("该学号已存在", "提示");
              else
              {
```

```
                        sql = "insert into student values('" + txtSID.Text.Trim() + "','" + txtname.Text.
Trim() + "','" + cbbsex.Text.Trim() + "','" + txtclass.Text.Trim() + "','" + cbbDormID.Text.Trim() + "')";
                        com.CommandText = sql;
                        com.ExecuteNonQuery();
                        MessageBox.Show("学生入住成功", "提示");
                        txtSID.Text = "";
                        txtname.Text = "";
                        txtclass.Text = "";
                        cbbDormID.SelectedIndex = -1;
                        cbbsex.SelectedIndex = -1;
                    }
                }
                con.Close();
            }
        }
```

单击“退出”按钮：当前窗体关闭，代码自己完成。

2. 查询学生功能的实现

在主界面中选择“学生入住”→“查询学生”命令菜单，即可进入查询学生界面 browseStd.cs，如图 11.12 所示。用户可以在这个窗体中输入查询条件进行查询学生的基本信息。

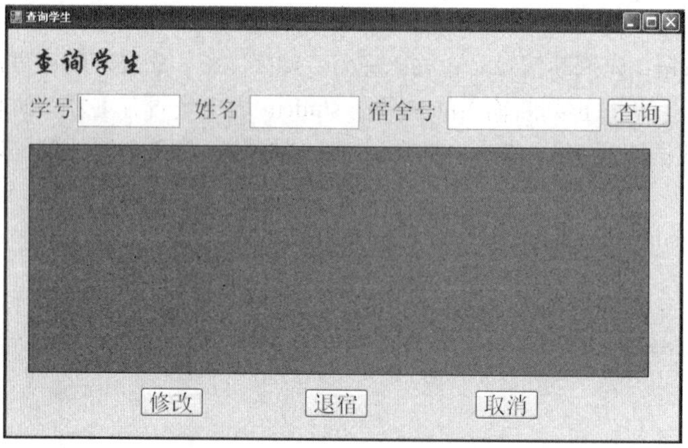

图 11.12　学生入住运行界面

（1）运行界面。

（2）设计界面。在 browseStd.cs 窗体中添加如表 11.16 所示的控件。

表 11.16　添加用户界面 browseStd.cs 的控件表

控件名称	控件 Name	控件的属性设置	控件的功能
Form	browseStd	Text：查询学生	窗体
Label	Label1	Text：查询学生	显示信息
Label	Label2	Text：宿舍号	显示信息
Label	Label3	Text：学号	显示信息
Label	Label4	Text：姓名	显示信息

续表

控件名称	控件 Name	控件的属性设置	控件的功能
TextBox	txtSID	Text：""	输入学号
TextBox	txtname	Text：""	输入姓名
TextBox	txtDormID	Text：""	输入宿舍号
Button	btnSearch	Text：查询	查询学生功能
Button	btnupdate	Text：修改	修改学生信息功能
Button	btndelete	Text：退宿	删除学生功能
Button	btnCancel	Text：取消	退出功能

（3）功能与代码。

单击“查询”按钮：如果没有输入查询条件，则将 student 表中所有记录在下方 dataGridView 控件中显示出来。如果输入了查询条件，按照输入的第一个条件来查询。比如：同时输入学号和姓名，就按照学号的值来进行查找学生信息。代码如下：

```
SqlConnection con = new SqlConnection(dbConnection.connection);
DataSet ds;
private void btnSearch_Click(object sender, EventArgs e)
{
    con.Open();
    string sql = "select SID as 学号,SName as 姓名,SSex as 性别,class as 班级,dormID as 宿舍号
from student";
    if (txtSID.Text.Trim() == "" && txtname.Text.Trim() == "" && txtDormID.Text.Trim() == "")
        sql = sql;
    else
    {
        if (txtSID.Text.Trim() != "")
            sql = sql + " where SID='" + txtSID.Text.Trim() + "'";
        else if (txtname.Text.Trim() != "")
            sql = sql + " where SName='" + txtname.Text.Trim() + "'";
        else
            sql = sql + " where dormID='" + txtDormID.Text.Trim() + "'";
    }
    SqlDataAdapter da = new SqlDataAdapter(sql, con);
    ds = new DataSet();
    ds.Clear();
    da.Fill(ds, "student");
    dgStudent.DataSource = ds.Tables["student"].DefaultView;
    con.Close();
}
```

单击“退出”按钮：当前窗体关闭，代码自己完成。

3. 修改学生信息功能的实现

在查询学生信息界面 browseStd.cs 中，选择查询到的一条数据后单击“修改”按钮，进入修改学生信息界面 updateStd.cs，如图 11.13 所示。在该界面中可以对已选择的宿舍信息进行修改。

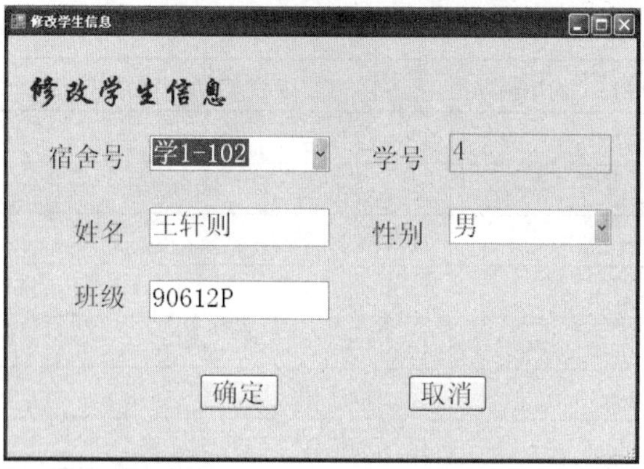

图 11.13　修改学生信息运行界面

（1）运行界面。

（2）设计界面。在 updateStd.cs 窗体中添加如表 11.17 所示的控件。

表 11.17　添加用户界面 updateStd.cs 的控件表

控件名称	控件 Name	控件的属性设置	控件的功能
Form	updateStd	Text：修改学生信息	窗体
Label	Label1	Text：修改学生信息	显示信息
Label	Label2	Text：宿舍号	显示信息
Label	Label3	Text：学号	显示信息
Label	Label4	Text：姓名	显示信息
Label	Label5	Text：性别	显示信息
Label	Label6	Text：班级	显示信息
ComboBox	cbbDormID	在程序中编码对其进行初始化 Modifiers：public	选择宿舍号
ComboBox	cbbSex	在程序中编码对其进行初始化 Modifiers：public	选择性别
TextBox	txtSID	在程序中编码对其进行初始化 Readonly：true Modifiers：public	输入学号
TextBox	txtName	在程序中编码对其进行初始化 Modifiers：public	输入姓名
TextBox	txtClass	在程序中编码对其进行初始化 Modifiers：public	输入班级
Button	btnOK	Text：确定	修改学生信息功能
Button	btnCancel	Text：取消	退出功能

（3）功能与代码。

updateStd.cs 中的两个 ComboBox 控件要进行初始化，将数据库 dorm 表中的宿舍号添加到宿舍号组合框 cbbDormID 中，同时将“男”、“女”添加到性别组合框 cbbsex 中，方法与 addStudent.cs 中的 Load 事件代码一致。

初始化：当在查询学生界面中单击“修改”按钮，即可进入修改学生的界面，该界面中应该显示选中的学生信息。所以，查询学生界面 browseStd.cs 中的“修改”按钮执行以下操作：

```
private void btnupdate_Click(object sender, EventArgs e)
{
    updateStd updateStudent;
    if (dgStudent.DataSource != null && dgStudent.CurrentRow.Index>= 0)
    {
        updateStudent = new updateStd();
        updateStudent.txtSID.Text = ds.Tables[0].Rows[dgStudent.CurrentRow.Index][0].
                                    ToString().Trim();
        updateStudent.txtname.Text = ds.Tables[0].Rows[dgStudent.CurrentRow.Index][1].
                                    ToString().Trim();
        updateStudent.cbbsex.Text = ds.Tables[0].Rows[dgStudent.CurrentRow.Index][2].
                                    ToString().Trim();
        updateStudent.txtclass.Text = ds.Tables[0].Rows[dgStudent.CurrentRow.Index][3].
                                    ToString().Trim();
        updateStudent.cbbDormID.Text = ds.Tables[0].Rows[dgStudent.CurrentRow.Index][4].
                                    ToString().Trim();
        updateStudent.ShowDialog();
    }
}
```

单击“确定”按钮：在 updateStd.cs 中，单击“确定”按钮，需要判断信息是否输入完整，如果完整，则需要判断当前选中的宿舍是否已满，如果当前宿舍的学生人数没有满，则将该学生的修改信息更新到数据库中。否则提示错误信息。代码如下：

```
private void btnOK_Click(object sender, EventArgs e)
{
    if (cbbDormID.SelectedIndex < 0 || txtname.Text.Trim() == "")
        MessageBox.Show("请输入完整信息", "提示");
    else
    {
        con.Open();
        string sql = "select bednum-(select count(*) from student where dormId='" + cbbDormID.
Text.Trim() + "') from dorm where dormid='" + cbbDormID.Text.Trim() + "'";
        com.CommandText = sql;
        if (Convert.ToInt32(com.ExecuteScalar().ToString().Trim()) == 0)
            MessageBox.Show("该房间已满", "提示");
        else
        {
            sql = "update student set dormID='" + cbbDormID.Text.Trim() + "',SName='" +
txtname.Text.Trim() + "',SSex='" + cbbsex.Text.Trim() + "'," +
            "class='" + txtclass.Text.Trim() + "' where SID='" + txtSID.Text.Trim() + "'";
            com.CommandText = sql;
            com.ExecuteNonQuery();
```

```
                MessageBox.Show("修改成功", "提示");

                this.Close();
            }
            con.Close();
        }
    }
```

单击“退出”按钮：当前窗体关闭，代码自己完成。

4. 学生退宿功能的实现

在查询宿舍界面 browseStd.cs 中，选择查询到的一条数据后单击“退宿”按钮，则将该学生从该宿舍中退出，即将该学生的信息删除。

在查询宿舍界面 browseStd.cs 中，双击“退宿”按钮，填入以下代码：

```
private void btndelete_Click(object sender, EventArgs e)
{
    if (dgStudent.DataSource != null && dgStudent.CurrentRow.Index >= 0 )
    {
        con.Open();
        string sql = "delete   from student where SID='" + ds.Tables["student"].Rows[dgStudent.
                                        CurrentRow.Index][0].ToString().Trim() + "'";
        com = new SqlCommand(sql, con);
        com.ExecuteNonQuery();
        MessageBox.Show("删除'" + ds.Tables["student"].Rows[dgStudent.CurrentRow.Index][1].
                    ToString().Trim() + "'同学成功", "提示");
        con.Close();
    }
}
```

11.2.3.7 卫生检查功能模块的设计

1. 添加卫生检查功能的实现

在主界面中选择“卫生检查”→“添加检查”命令菜单或者单击工具栏上的按钮，即可进入添加卫生检查界面 addCheck.cs，如图 11.14 所示。用户可以在这个窗体中设置卫生检查的基本信息，单击“确定”按钮，如果卫生检查信息输入完整，则显示添加成功，否则添加失败。

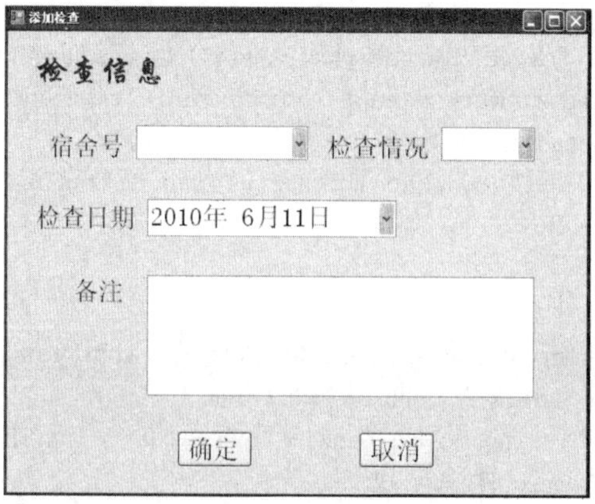

图 11.14　添加卫生检查运行界面

（1）运行界面。

（2）设计界面。在 addCheck.cs 窗体中添加如表 11.18 所示的控件。

表 11.18　添加用户界面 addCheck.cs 的控件表

控件名称	控件 Name	控件的属性设置	控件的功能
Form	addCheck	Text：添加检查	窗体
Label	Label1	Text：检查信息	显示信息
Label	Label2	Text：宿舍号	显示信息
Label	Label3	Text：检查情况	显示信息
Label	Label4	Text：检查日期	显示信息
Label	Label5	Text：备注	显示信息
ComboBox	cbbDormID	在程序中编码对其进行初始化	选择宿舍号
ComboBox	cbbCheck	在程序中编码对其进行初始化	选择等级
DateTimePicker	dateCheck		选择日期
TextBox	txtRemark	Text：""	输入备注信息
Button	btnOK	Text：确定	添加检查功能
Button	btnCancel	Text：取消	退出功能

（3）功能与代码。

初始化：当运行添加检查界面 addCheck.cs 时，将数据库 dorm 表中的宿舍号添加到宿舍号组合框 cbbDormID 中，同时将“优”、“良”、“中”、“差”添加到等级组合框 cbbCheck 中。具体代码如下：

```
SqlConnection con = new SqlConnection(dbConnection.connection);
SqlCommand com;
private void addCheck_Load(object sender, EventArgs e)
{
    //添加宿舍
    com = new SqlCommand("", con);
    com.CommandText = "select dormID from dorm";
    con.Open();
    SqlDataReader dr = com.ExecuteReader();
    while (dr.Read())
    {
        cbbDormID.Items.Add(dr["dormID"].ToString());
    }
    con.Close();
    //添加检查等级
    cbbCheck.Items.Add("优");
    cbbCheck.Items.Add("良");
    cbbCheck.Items.Add("中");
    cbbCheck.Items.Add("差");
}
```

单击“确定”按钮：先判断信息是否输入完整，如果完整，将该条检查记录添加到数据库checkinfo表中。代码如下：

```
private void btnOK_Click(object sender, EventArgs e)
    {
        if (cbbDormID.Text.Trim() == ""||cbbCheck.Text.Trim()=="")
            MessageBox.Show("请输入完整信息", "提示");
        else
        {
            con.Open();
            string sql = "insert into checkinfo (dormID,CDate,CState,CRemark) values ('" + cbbDormID.Text.Trim() + "','" + dateCheck.Value.ToShortDateString()+ "','" + cbbCheck.Text.Trim() + "','" + txtRemark.Text.Trim() + "')";
            com = new SqlCommand("", con);
            com.CommandText = sql;
            com.ExecuteNonQuery();
            MessageBox.Show("添加完成", "提示");
        }
            con.Close();
    }
```

单击“退出”按钮：当前窗体关闭，代码自己完成。

2. 查询检查功能的实现

在主界面中选择“卫生检查”→“查询检查”命令菜单，即可进入查询检查界面browseCheck.cs，如图11.15所示。用户可以在这个窗体中输入查询条件进行查询宿舍的卫生情况。

图11.15 检查查询运行界面

（1）运行界面。

（2）设计界面。在browseCheck.cs窗体中添加如表11.19所示的控件。

表11.19 添加用户界面browseCheck.cs的控件表

控件名称	控件Name	控件的属性设置	控件的功能
Form	browseCheck	Text：检查查询	窗体
Label	Label1	Text：检查查询	显示信息

续表

控件名称	控件 Name	控件的属性设置	控件的功能
Label	Label2	Text：宿舍号	显示信息
Label	Label3	Text：检查日期	显示信息
ComboBox	cbbDormID	在程序中编码对其进行初始化	选择宿舍号
DateTimePicker	dateCheck		选择日期
Button	btnSearch	Text：查询	查询检查功能
Button	btnUpdate	Text：修改	打开修改检查信息的界面
Button	btnDelete	Text：删除	删除检查功能
Button	btnCancel	Text：取消	退出功能

（3）功能与代码。

初始化：添加宿舍号。

```
SqlConnection con = new SqlConnection(dbConnection.connection);
SqlCommand com;
private void browseCheck_Load(object sender, EventArgs e)
{
    //添加宿舍
    com = new SqlCommand("", con);
    com.CommandText = "select dormID from dorm";
    con.Open();
    SqlDataReader dr = com.ExecuteReader();
    while (dr.Read())
    {
        cbbDormID.Items.Add(dr["dormID"].ToString());
    }
    con.Close();
}
```

单击“查询”按钮：如果没有输入宿舍号条件，则在 checkinfo 表中按照检查日期的条件来查询，查询结果在下方 dataGridView 控件中显示出来。如果输入了查询条件，按照宿舍号与检查日期来查询。代码如下：

```
DataSet ds;
private void btnSearch_Click(object sender, EventArgs e)
{
    con.Open();
    ds = new DataSet();
    string sql = "select dormID as 宿舍号,CDate as 检查日期,CState as 检查情况,CRemark as 备注,CheckID as 检查编号 from checkinfo where CDate='"+dateCheck.Value.ToShortDateString()+"'";
    if (cbbDormID.Text.Trim() == "")
        sql = sql;
    else
        sql = sql + " and dormID='" + cbbDormID.Text.Trim() + "'";
```

```
            SqlDataAdapter da = new SqlDataAdapter(sql, con);
            ds.Clear();
            da.Fill(ds, "check");
            dgCheck.DataSource = ds.Tables["check"];
            con.Close();
        }
```

单击“退出”按钮：当前窗体关闭，代码自己完成。

3. 修改检查信息功能的实现

在查询检查信息界面 browseCheck.cs 中，选择查询到的一条数据后单击“修改”按钮，进入修改检查信息界面 updateCheck.cs，如图 11.16 所示。在该界面中可以对已选择的检查信息进行修改。

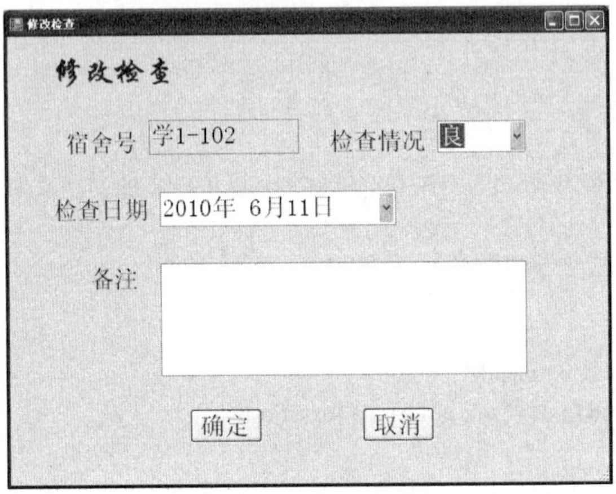

图 11.16　修改检查信息运行界面

（1）运行界面。

（2）设计界面。在 updateCheck.cs 窗体中添加如表 11.20 所示的控件。

表 11.20　添加用户界面 updateCheck.cs 的控件表

控件名称	控件 Name	控件的属性设置	控件的功能
Form	updateCheck	Text：修改检查	窗体
Label	Label1	Text：修改检查	显示信息
Label	Label2	Text：宿舍号	显示信息
Label	Label3	Text：检查情况	显示信息
Label	Label4	Text：检查日期	显示信息
Label	Label5	Text：备注	显示信息
ComboBox	cbbDormID	在程序中编码对其进行初始化 Modifiers：public Readonly：true	选择宿舍号
ComboBox	cbbCheck	在程序中编码对其进行初始化 Modifiers：public	选择等级

续表

控件名称	控件 Name	控件的属性设置	控件的功能
DateTimePicker	dateCheck	在程序中编码对其进行初始化 Modifiers：public	选择日期
TextBox	txtRemark	在程序中编码对其进行初始化 Modifiers：public	输入备注信息
Button	btnOK	Text：确定	添加检查功能
button	btnCancel	Text：取消	退出功能

（3）功能与代码。

updateCheck.cs 中的两个 ComboBox 控件要进行初始化，将数据库 dorm 表中的宿舍号添加到宿舍号组合框 cbbDormID 中，同时将“优”、“良”、“中”、“差”添加到等级组合框 cbbCheck 中，方法与 addCheck.cs 中的 Load 事件代码一致。

初始化：当在查询检查界面中单击“修改”按钮，即可进入修改检查的界面，该界面中应该显示选中的宿舍检查信息。所以，查询检查界面 browseCheck.cs 中的“修改”按钮执行以下操作：

```
private void btnupdate_Click(object sender, EventArgs e)
    {
        updateCheck updateCHK ;
        if (dgCheck.DataSource != null && dgCheck.CurrentRow.Index >= 0 )
        {
            updateCHK = new updateCheck();
            updateCHK.txtDormID.Text = ds.Tables["check"].Rows[dgCheck.CurrentRow.Index][0].
                                ToString().Trim();
            updateCHK.dateCheck.Text = ds.Tables["check"].Rows[dgCheck.CurrentRow.Index][1].
                                ToString().Trim();
            updateCHK.cbbCheck.Text = ds.Tables["check"].Rows[dgCheck.CurrentRow.Index][2].
                                ToString().Trim();
            updateCHK.txtRemark.Text = ds.Tables["check"].Rows[dgCheck.CurrentRow.Index][3].
                                ToString().Trim();
            updateCHK.Tag = ds.Tables["check"].Rows[dgCheck.CurrentRow.Index][4].
                                ToString().Trim();
            updateCHK.ShowDialog();
        }
    }
```

单击“确定”按钮：在 updateCheck.cs 中，单击“确定”按钮，将该检查信息的修改更新到数据库中。代码如下：

```
private void btnOK_Click(object sender, EventArgs e)
{
    SqlConnection con = new SqlConnection(dbConnection.connection);
    con.Open();
    string sql = "update checkinfo set CDate='" + dateCheck.Value.ToShortDateString() +"',CState='" +
cbbCheck.Text.Trim() + "'," +
    "CRemark='" + txtRemark.Text.Trim() + "' where CheckID=" + this.Tag.ToString().Trim() + "";
    SqlCommand com = new SqlCommand(sql, con);
```

```
            com.ExecuteNonQuery();
            MessageBox.Show("修改成功", "提示");
            con.Close();
            this.Close();
        }
```

单击“退出”按钮：当前窗体关闭，代码自己完成。

4. 删除检查功能的实现

在查询检查界面 browseCheck.cs 中，选择查询到的一条数据后单击“删除”按钮，则将该检查信息从 checkinfo 表中删除。

在查询检查界面 browseCheck.cs 中，双击“删除”按钮，填入以下代码：

```
    private void btndelete_Click(object sender, EventArgs e)
     {
            if (dgCheck.DataSource != null && dgCheck.CurrentRow.Index >= 0)
            {
                con.Open();
                string sql = "delete    from checkinfo where CheckID=" + ds.Tables["check"].Rows
                        [dgCheck.CurrentRow.Index][4] + "";
                com = new SqlCommand(sql, con);
                com.ExecuteNonQuery();
                MessageBox.Show("删除成功", "提示");
                con.Close();
            }
    }
```

11.2.3.8 水电收费功能模块的设计

1. 添加收费功能的实现

在主界面中选择“水电收费”→“添加收费”命令菜单或者单击工具栏上的水电按钮，即可进入添加收费界面 addCharge.cs，如图 11.17 所示。用户可以在这个窗体中设置收费的基本信息，单击“确定”按钮，如果宿舍号和购买电量输入完整，则显示添加成功，否则添加失败。

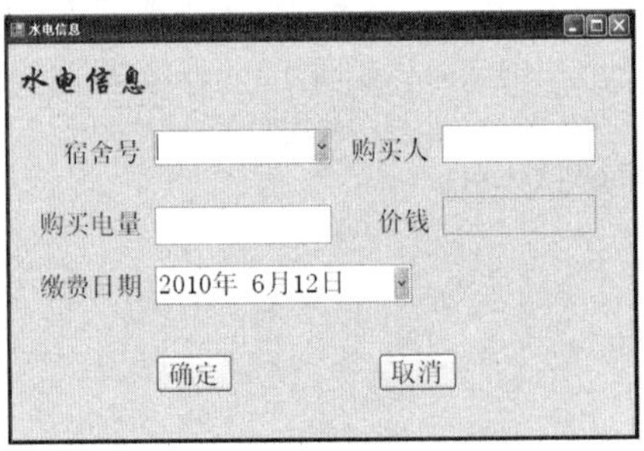

图 11.17 添加收费运行界面

（1）运行界面。

（2）功能。

初始化：当运行添加检查界面 addCharge.cs 时，将数据库 dorm 表中的宿舍号添加到宿舍号组合框 cbbDormID 中。具体代码请参照 addCheck.cs 界面中的对应功能。

单击“确定”按钮：先判断宿舍号和购买电量是否输入完整，如果完整，将该条检查记录添加到数据库 charge 表中。代码参照卫生检查模块。

单击“退出”按钮：当前窗体关闭，代码自己完成。

2. 查询收费功能的实现

在主界面中选择“水电收费”→“查询收费”命令菜单，即可进入查询收费界面 browse Charge.cs，如图 11.18 所示。用户可以在这个窗体中输入查询条件进行查询宿舍的水电缴费情况。

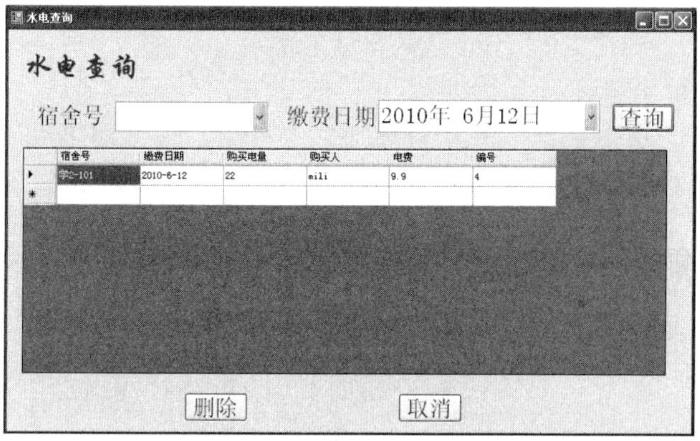

图 11.18 水电缴费查询运行界面

（1）运行界面。

（2）功能。

单击“查询”按钮：如果没有输入宿舍号条件，则将 charge 表中按照缴费日期的条件来查询，查询结果在下方 dataGridView 控件中显示出来。如果输入了查询条件，按照宿舍号与缴费日期来查询。代码参照卫生检查模块。

单击“删除”按钮：选择查询到的一条数据后单击“删除”按钮，则将该缴费信息从 charge 表中删除。代码参照卫生检查模块。

11.2.3.9 *房屋报修功能模块的设计*

1. 添加报修功能的实现

在主界面中选择“房屋报修”→“添加报修”命令菜单或者单击工具栏上的“维修”按钮，即可进入添加收费界面 addRepair.cs，如图 11.19 所示。用户可以在这个窗体中设置报修的基本信息，单击“确定”按钮，如果选择了宿舍号，则显示添加成功，否则添加失败。

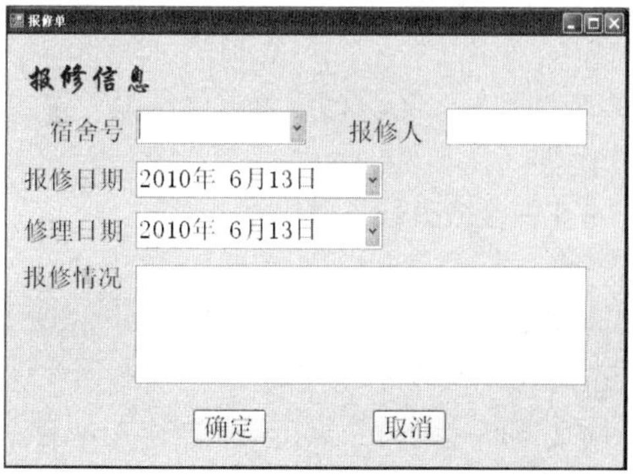

图 11.19 添加报修信息运行界面

（1）运行界面。

（2）功能。

初始化：当运行添加报修界面 addRepair.cs 时，将数据库 dorm 表中的宿舍号添加到宿舍号组合框 cbbDormID 中。具体代码请参照 addCheck.cs 界面中的对应功能。

单击“确定”按钮：先判断是否选择宿舍号，如果已经选择，将该条报修记录添加到数据库 repair 表中。代码参照卫生检查模块。

单击“退出”按钮：当前窗体关闭，代码自己完成。

2. 查询报修功能的实现

在主界面中选择“房屋报修”→“查询报修”命令菜单，即可进入查询报修信息界面 browseRepair.cs，如图 11.20 所示。用户可以在这个窗体中输入查询条件进行查询宿舍的报修情况。

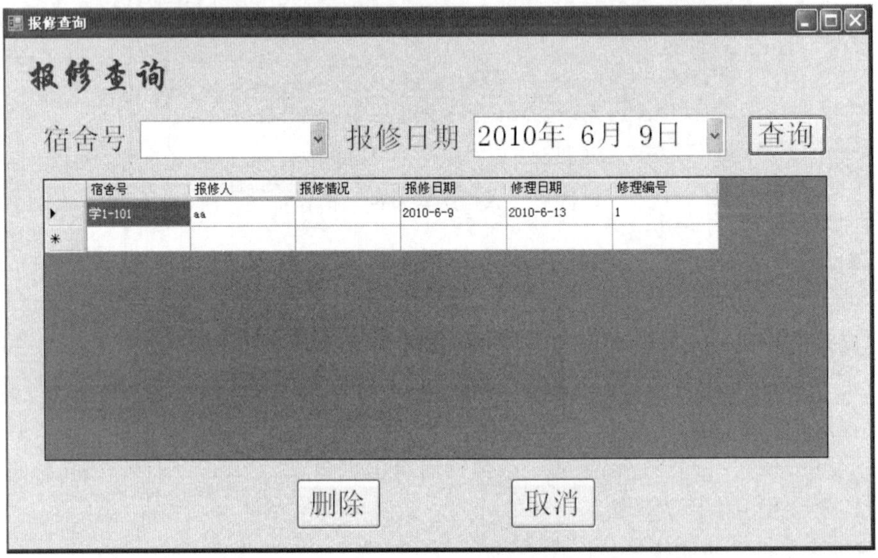

图 11.20 宿舍报修情况查询运行界面

（1）运行界面。

（2）功能。

单击“查询”按钮：如果没有输入宿舍号条件，则将 repair 表中按照报修日期的条件来查询，查询结果在下方 dataGridView 控件中显示出来。如果输入了查询条件，按照宿舍号与报修日期来查询。代码参照卫生检查模块。

单击“删除”按钮：选择查询到的一条数据后单击“删除”按钮，则将该报修信息从 repair 表中删除。代码参照卫生检查模块。

11.2.3.10 来访人员登记功能模块的设计

1. 添加登记功能的实现

在主界面中选择“外来人员登记”→“添加登记”命令菜单或者单击工具栏上的登记按钮，即可进入添加收费界面 addRegister.cs，如图 11.21 所示。用户可以在这个窗体中添加来访人员的基本信息，单击“确定”按钮，需要判断宿舍号、来访人、被访人是否输入完整，如果输入完整，则显示添加成功，否则添加失败。

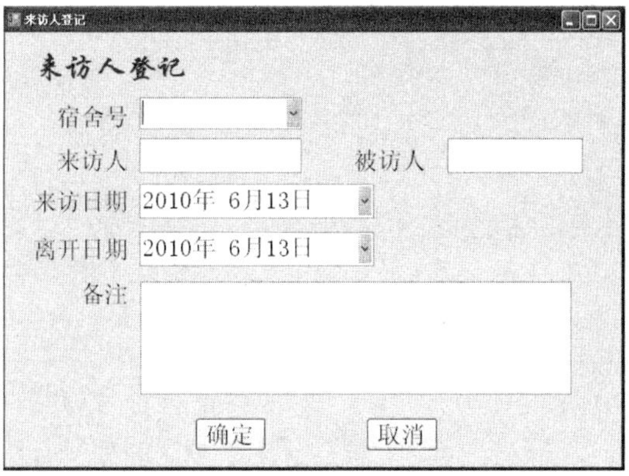

图 11.21　添加来访人信息运行界面

（1）运行界面。

（2）功能。

初始化：当运行添加报修界面 addRegister.cs 时，将数据库 dorm 表中的宿舍号添加到宿舍号组合框 cbbDormID 中。具体代码请参照 addCheck.cs 界面中的对应功能。

单击“确定”按钮：先判断是否选择宿舍号，输入来访人和被访人，如果已经设置完全，将该条登记记录添加到数据库 register 表中。代码参照卫生检查模块。

单击“退出”按钮：当前窗体关闭，代码自己完成。

2. 查询来访人功能的实现

在主界面中选择“外来人员登记”→“查询登记”命令菜单，即可进入查询来访人信息界面 browseRegister.cs，如图 11.22 所示。用户可以在这个窗体中输入查询条件进行查询来访人的信息情况。

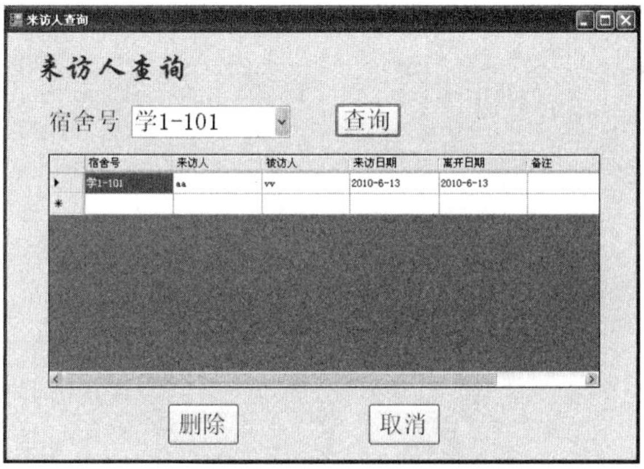

图 11.22　查询来访人运行界面

（1）运行界面。

（2）功能。

单击“查询”按钮：如果没有输入宿舍号条件，则查询全部的来访人信息。如果输入宿舍号条件，则显示该宿舍的来访人信息。

单击“删除”按钮：选择查询到的一条数据后单击“删除”按钮，则将该来访人信息从 register 表中删除。代码参照卫生检查模块。

实训

阶段项目测试

实训一　熟悉.NET 平台

实训目的

- 理解.NET Framework 的基本概念
- 了解 .NET Framework 命名空间
- 了解 C#程序的基本结构
- 熟悉 Visual Studio.NET 平台
- 掌握控制台应用程序的创建

实训项目

- Welcome
- 数据加法

1.1　Welcome

【项目场景】

编写一个 welcome 程序：按照提示输入自己的姓名，程序输出所输入的名字，并欢迎使用 C#语言，主要使用 Console（控制台）对象的 WriteLine 和 Write 方法实现显示，使用 ReadLine 方法读入字符。

【项目效果】

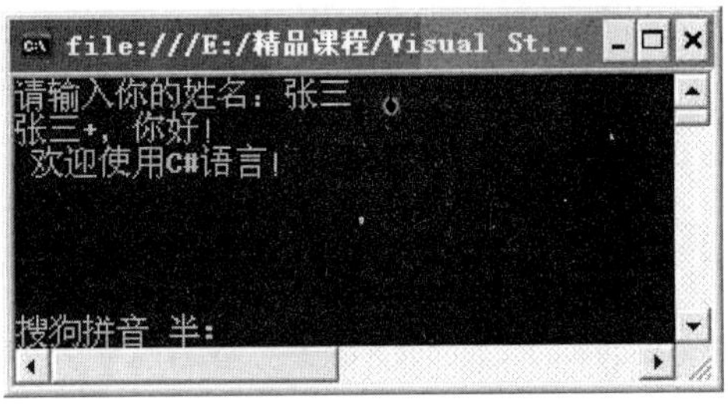

附图 1.1　welcome

【项目提交】

将设计的项目保存为自己的学号姓名+Welcome，例如：01 号张三的项目保存为“01 张三 Welcome”，最后按照教师要求方式提交。

1.2　数据加法

【项目场景】

编写一个“数据加法”程序：设计一个窗口，可以将用户输入的两个操作数进行加法计算，并显示计算结果。

【项目效果】

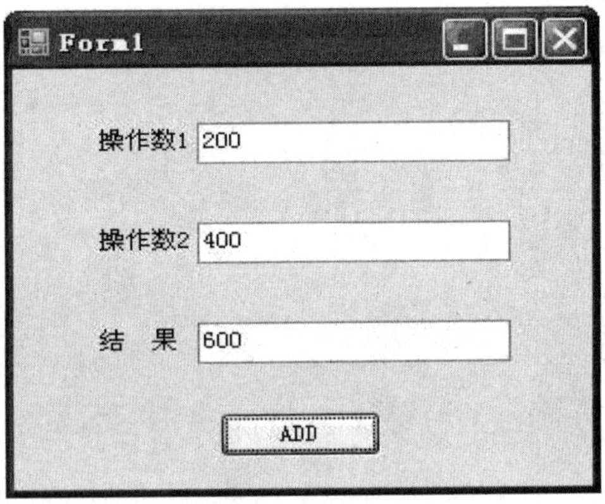

附图 1.2　数据加法

【项目提交】

将设计的项目保存为自己的学号姓名+Add，例如：01 号张三的项目保存为“01 张三 Add”，最后按照教师要求方式提交。

实训二　运用 C#知识和技术

实训目的

- 掌握 C#中定义变量和常量的方法
- 掌握 C#中的基本数据类型操作

- 理解装箱和拆箱的概念
- 掌握 C#中的运算符、选择结构和循环结构
- 掌握定义和使用数组
- 熟悉 C#中的字符串处理

实训项目

- 浮点型数据排序
- 1 到 9 的乘法口诀表

2.1 浮点型数组排序

【项目场景】

编写一个“浮点型数据排序”程序：接受用户输入的 6 个浮点数值，把这些数存放到一个数组里，然后对这些数组里面的值进行排序并输出。

【项目效果】

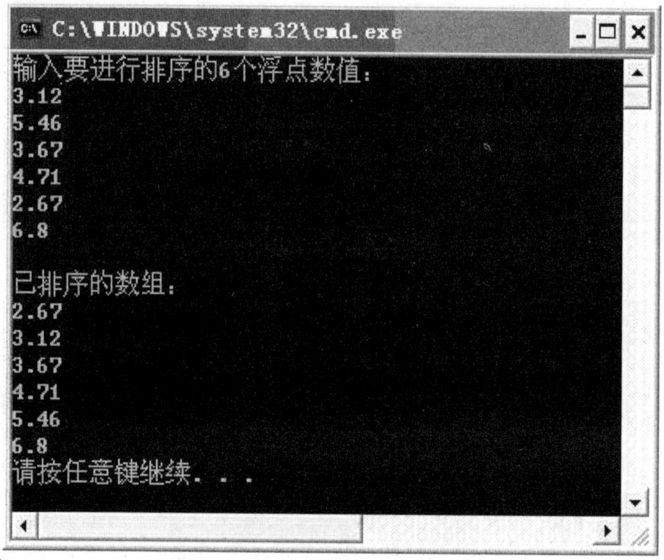

附图 2.1　数据排序

【项目提交】

将设计的项目保存为自己的学号姓名+Sort，例如：01 号张三的项目保存为“01 张三 Sort”，最后按照教师要求方式提交。

2.2 1 到 9 的乘法口诀表

【项目场景】

编写“1 到 9 的乘法口诀表”程序：使用两个嵌套 for 循环来实现，父循环从 1 到 9，子循环从 1 到父循环的当前值。

【项目效果】

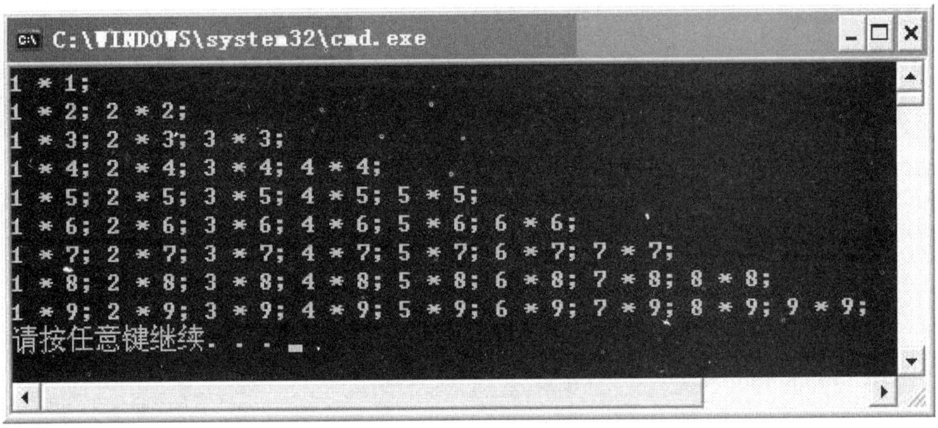

附图 2.2　1 到 9 的乘法口诀表

【项目提交】

将设计的项目保存为自己的学号姓名+ArrayDemo，例如：01 号张三的项目保存为“01 张三 ArrayDemo”，最后按照教师要求方式提交。

实训三　设计 WinForms 程序

实训目的

- 理解 Windows 窗体
- 掌握窗体的常用属性和方法
- 掌握 WinForms 中常规控件的操作

实训项目

- 设计多边形窗体
- 绘制多边图形

3.1　设计多边形窗体

【项目场景】

绘制一个多边形窗体。

【项目效果】

附图 3.1　设计多边形窗体

【项目提交】

将设计的项目保存为自己的学号姓名+Polygonwindow，例如：01 号张三的项目保存为“01 张三 Polygonwindow”，最后按照教师要求方式提交。

3.2　绘制多边图形

【项目场景】

实现在窗体绘制多边图形的程序。

【项目效果】

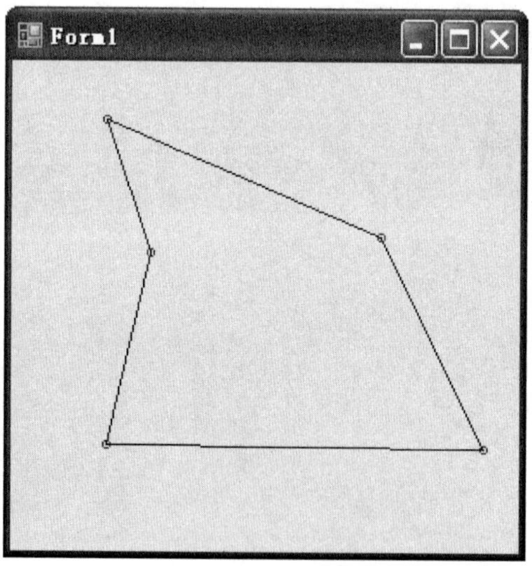

附图 3.2　绘制多边图形

【项目提交】

将设计的项目保存为自己的学号姓名+Graphical，例如：01 号张三的项目保存为“01 张三 Graphical”，最后按照教师要求方式提交。

实训四 编写面向对象 C#程序

实训目的

- 理解 C#的类和对象
- 掌握 C#构造函数和析构函数
- 掌握 C#访问修饰符
- 熟悉 C#中使用方法的重写
- 理解属性及其不同的类型、实现
- 理解命名空间

实训项目

- 计算圆的周长和面积
- 输出学生信息
- 多态计算员工工资

4.1 计算圆的周长和面积

【项目场景】

计算圆的面积和周长：定义一个圆类，使用类方法实现计算。

【项目效果】

附图 4.1 计算圆的周长和面积

【项目提交】

将设计的项目保存为自己的学号姓名+Circle，例如：01 号张三的项目保存为“01 张三 Circle”，最后按照教师要求方式提交。

4.2 输出学生信息

【项目场景】

输出学生信息：其中有 3 个数据成员有学号、姓名、年龄，以及若干成员函数。同时编写主函数使用这个类，实现对学生数据的赋值和输出（要求：使用成员函数实现对数据的输出；使用构造函数实现对数据的输入）。

【项目效果】

附图 4.2　输出学生信息

【项目提交】

将设计的项目保存为自己的学号姓名+student，例如：01 号张三的项目保存为“01 张三 student”，最后按照教师要求方式提交。

4.3　多态计算员工工资

【项目场景】

多态计算员工工资：定义雇员基类，共同的属性，姓名、地址和出生日期，子类：程序员，秘书，高层管理，清洁工具有不同工资算法，以多态的方式处理程序。

【项目效果】

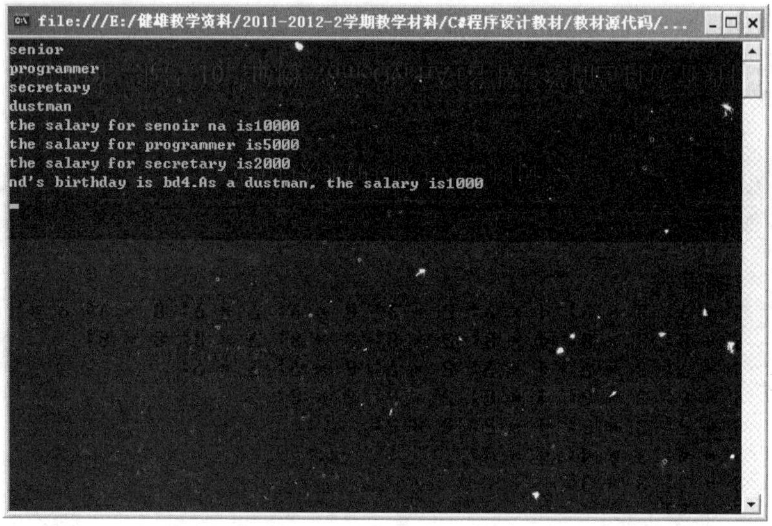

附图 4.3　多态计算工资

【项目提交】

将设计的项目保存为自己的学号姓名+Variables，例如：01 号张三的项目保存为“01 张三 Variables”，最后按照教师要求方式提交。

参考文献

[1] 刘甫迎，刘光会，王蓉．C#程序设计教程（第 2 版）．北京：电子工业出版社，2008.

[2] 北京阿博泰克北大青鸟信息技术有限公司．使用 C#开发数据应用程序．北京：科学技术文献出版社，2008.

[3] 北京阿博泰克北大青鸟信息技术有限公司．深入.NET 平台和 C#编程．北京：科学技术文献出版社，2008.

[4] 孙践知，张迎新，肖媛媛．C#程序设计．北京：清华大学出版社，2012.

[5] 新世纪高职高专教材编审委员．Windows 应用程序设计（C#）．大连：大连理工大学出版社，2010.